精进有道

想清楚、坚持住、有能力

孙陶然 ——— 著

中信出版集团 | 北京

图书在版编目（CIP）数据

精进有道：想清楚、坚持住、有能力 / 孙陶然著
. -- 北京：中信出版社，2020.6（2025.9 重印）
ISBN 978-7-5217-1679-5

Ⅰ.①精… Ⅱ.①孙… Ⅲ.①成功心理－通俗读物
Ⅳ.①B848.4-49

中国版本图书馆CIP数据核字（2020）第039930号

精进有道——想清楚、坚持住、有能力

著　者：孙陶然
出版发行：中信出版集团股份有限公司
　　　　　（北京市朝阳区东三环北路 27 号嘉铭中心　邮编　100020）
承 印 者：三河市中晟雅豪印务有限公司

开　本：880mm×1230mm　1/32　　印　张：9.25　字　数：125千字
版　次：2020年6月第1版　　　　　　印　次：2025年9月第5次印刷
书　号：ISBN 978-7-5217-1679-5
定　价：59.00元

目　录

第一章

最精彩的人生，
是活成自己想要的样子

第二章

像赢家一样思考和行动

第三章

修行认知能力

第四章

修行决策能力

第五章

修行执行能力

写在前面的话

本书为什么
采用了文集体

    本书采用的是文集体，原因很简单，因为本书探讨的是关于"三观"的话题。这样高深的话题，我认为没有人有资格指指点点，所以，我只是给出了一个能自圆其说的体系，然后把过往写的相关文章附在里面供大家参考。

    我从不认为本书给出的是唯一正确的体系，但这的确是一个行之有效的体系。过去几十年，我一直信奉并且践行，效果还不错。

    我历来主张要么不动笔，要动笔就必须给出体系，只有给出一个能自圆其说的体系，受众才能有所借鉴和收获。如果只是只言片语，对受众价值有限，而且因为语言的不准确性，还极容易让受众"误入歧途"。

　　语言是不准确的，如果说准确地表述一个概念需要 100 个定语的话，当我们用 3 个定语表述时就意味着省略了 97 个定语。受众如果仅仅从我们表述的定语上去理解，注定是不准确的，这就是为什么任何时候理解语义都必须了解其语境，并且考虑到字面以外的含义，才可能正确理解。

　　历史记载，不同的弟子问孔子同一个问题，孔子的回答都是不一样的。王阳明也明确表示不希望自己的弟子记录自己给他们的问题解答，因为担心后人读起来难免理解片面。

　　表达的目的是让受众准确理解，若不能准确表达，不如不表达。准确表达的最好方式是只表达逻辑，让受众自己去思考，最多给一些启发。这就是本书采用文集体的逻辑：给出一个体系，并且给出过去几年我写的与这个体系相关的一些文章，让大家自己去体会和理解。

　　曾经有记者问，我迄今为止对自己最满意的事是什么，我的回答是我活成了自己想要的样子，而做到这一点，靠的就是践行本书给出的体系，即最精彩的人生是活成自己想要的样子，像赢家一样思考和行动，人生赢家需要具备三大能力，如何自我修行三大能力。

引 子

为什么毕业十年，
有人在天上
有人在地下？

考上同一所大学，大家的起点是一样的。大学四年，同一个教室、同一个老师、同一个校园，成长的环境也是一样的。刚毕业时各自开始工作，可以说也在同一条起跑线上。但是毕业五年后，同学之间就会产生显著的差异。毕业十年，同学之间的差异就会是一个在天上，一个在地下。

造成这种差异的原因是什么呢？

我认为核心原因有三个。

第一，对待工作的态度。

是竭尽全力工作，还是敷衍了事？若认为工作就是朝九晚五，此外的时间都是自己的私人时间；若认为公司付了多少钱就干多少事儿，多一点点事儿都不想干，或者斤斤计较所谓的"凭什么"以及加班费，那么五年以后一定属于同学中在地上的那一部分，十年以后，一定属于同学中在地平线以下的那一部分。

若认为工作就是自己的舞台，工作是自己生命中最重要的事儿，工作成果代表的是自己的能力以及脸面，什么事不做则已，做就必须做到最好，那么一定属于同学之中发展得比较好的那一小撮儿。

作为初入职场的新人，除了一把子力气之外一无所长，若这仅有的勉强长处还不愿意奉献出来，那凭什么与别人竞争呢？

我大学毕业参加工作后，从没有关注过收入，我渴望的是上级交给我任务，越难的任务越好。记得我第一次出差，早晨到公司，上级让我去杭州给一个合作伙伴做培训，我二话没说回家收拾了行李直接奔火车站，没有买到票就买了一张站票，站了 20 多个小时到达杭州。

第二，学习的能力。

除了吃喝拉撒和哭泣以外，没有什么是人天生就有的能力，所有的能力都靠后天的学习。一个知道需要学习以及会学习的人是最强大的，一定会成为毕业五年、十年之后同学之中发展得好的人中的一个，而那些盲目自大，不知道虚心学习的人，一定是毕业之后同学之中那些落后分子。

第三，做人。

俗话讲，要做事，先做人，我们在这个世界上做事做得怎么样，其根本原因在于我们做人怎么样，你的人品、性格直接决定了你的朋友圈子和事业机会。

就做人而言，核心是两方面：如何对己，如何对人。

对自己而言，要做一个善良、正直、勇敢的人。自私的人的路会越走越窄，因为谁都不比谁傻，耍小聪明固然可以得逞一时，转身人家就明白过来了，然后就给你贴上了一个相应的标签，你就再也没有机会耍小聪明了；一个善良、正直的人的路会越走越宽，所谓路遥知马力，日久见人心。

对他人而言，有的人是太阳型的，有的人是黑洞型的。太阳型人格的人会温暖他身边所有的人，离他越近，越能感受到他的温暖，他会主动地时时地想着别人、关心别人；黑洞型人格的人，不会关心任何人，离他越近，越感觉到寒冷，他会把周边所有的资源都汲取到自己身上。

太阳型人格的人得道多助，黑洞型人格的人失道寡助。

哪型人格与有钱没钱、有没有资源没有关系，只与三观有关。就像朋友之中最经常请客的往往不是最有钱的那个人，而是最豪爽、最急公好义的，两个是一样的道理。

上天其实是最公平的，决定我们成败的并非是只有个别人才有的特殊技能，而是每个人都可以做到的"对工作的态度、学习的能力以及人品"。

所以，只要你想，每个人都可以有一个成功的人生。

第一章

最精彩的人生，
是活成自己想要的样子

此生不长，应该好好珍惜。

闭上眼睛，想象一下：如果下一秒钟你就会死去，有哪些事情想做还没有做？有哪些曾经做的事情让你回忆起来充满温馨？这些事情就是你此刻马上应该去做的，做这些事情就是你应该选择的活法。

1

不要等到离开时，
才明白自己想要
什么样的人生

迄今为止，我与死神有过两次非常近距离的接触。

一次是我在读书期间，有一天晚上非常危险，我觉得自己可能要死了，开始写"遗言"。我写的是：我还这么年轻，有那么多的名山大川还没有去过，有那么多想做的事情还没有去做，我甚至还没有谈过恋爱。

一次是两年前，我父亲去世前后那一段时间，我真切地感受到死亡离自己是如此之近。

说实话，当你想到有一天自己会离开这个世界，再去想象以何种形式离开这个世界时，那真是一种很恐怖的感觉。

前段时间，一位知名创业者早逝，他的妻子在回忆文章中写道，星云大师曾说过，你怎知这一刻闭上眼睛不是在另一个世界睁开双眼？我深有同感。我相信，我们生存的这个世界绝不是孤零零的一个，一定存在平行世界。我们的生命也许就像游戏《第二人生》，来到这个世界就像游戏的开始，我们必须给自己设定一个身份——医生、教授、战士或者是无业游民，然后开始游戏。

这个身份也许是我们愿意选择的，也许是我们不愿意选择但必须选择的，我们必须在可以选择的范围之内选择一个角色，然后以这个角色在游戏中开始自己的人生：学习，成长，成功，或者失败。没有人有超级权限。

不同的是，游戏可以重新开始，人生不能重新开始。不论你是伟人、神人，还是凡人，没有人可以长生不老，也没有人可以让生命重来。

相同的是，所有的游戏最终都会走向"Game Over"（游戏结束），任务失败会"Game Over"，任务成功也会"Game Over"。我们的人生也是如此。成功的结局是死去，失败的结局也是死去。每个人从出生开始就进入了一个死亡倒计时，只是时间不同。毫无例外，所有人最终的结局都是离开这个世界，我们都走在死亡倒计时的路上。

既然死亡是不可避免的结局，那么剩下的问题就是活着的时候，我们应该怎么活？

当我们面临死亡时，这个问题的答案是非常清晰的。当下一分钟很可能就会死去时，你想到的如果还能活着要去做的事情，就是活着的时候应该去做的事情。

衡量一辈子有没有虚度，要看在离去时，我们有多少遗憾，有多少欣慰。

所谓不虚度此生，就是当我们离去时，就我们自己而言，有很多值得欣慰的回忆，有很少明显的遗憾。

所谓不虚度此生，就是当我们离去时，就周边的人而言，有很多人因为我们的存在感受到过温暖、感受到过帮助。

所谓不虚度此生，就是当我们离去时，就这个世界而言，我们留下了一些东西，这些东西对后人有价值。

2

人生就是两件事，
想清楚和坚持住

曾经有记者问我对自己最满意的事儿是什么，我的回答是我活成了自己想要的样子。

按照自己的想法活着，活成自己想要的样子，说起来简单，做起来非常难。

首先，要想清楚自己想活成什么样子。

我很幸运，大概初中时代就想清楚了。父母虽然生养了我，但是并无权要求我活成什么样。我不会成为父母弥补遗憾或者实现梦想的工具，我要自己选择自己的道路，例如学文还是学理，考哪一所大学，学什么专业，以及从事什么工作等。

这个世界上很多人并不清楚自己想活成什么样子，至少是不完全清楚。他们似乎从来没有认真想过这个问题。他们的日子要么随波逐流，周围的人都怎么样自己就怎么样；要么听天由命，过一天算一天，走成什么样算什么样；要么听父母的，任由父母替自己做选择。

其次，要坚持住，坚持追求自己想要的生活。

想清楚，还需要行动，而且是立刻行动。正如王阳明所说："真知即所以为行，不行不足谓之知。"也就是说，采取行动的知才是真正的知。很多人只是想清楚了向往一种生活方式，但是并没有行动，最终还是活不成自己想要的样子。

很多人希望环游世界，但是真正走出去的人很少。每一次计划出行，最初热烈讨论一起去的人最终能够成行三分之一就不错了，总有各种原因和理由让他们放弃，诸如临时有事情，临时没有心情，觉得行程可能会很艰难，觉得价格太贵，等等。

人生任何事情都是如此，如果想放弃，一瞬间就可以找到很多理由。其实，如果想坚持，只需要告诉自己知行合一就可以了。

当然最后，还需要强大的能力。

能力强大的人有很多选择，能力弱小的人没有选择。例如创业就是要在市场需求、自己的特长以及自己的爱好之间找一个平衡。能力强大、资源强大的人可以先考虑自己的爱好，然后再考虑市场需求和自己的特长，但是能力和资源都不足的人，就只能先考虑市场需求、自己的特长，不可能奢侈到兼顾自己的爱好。

我不否认，人总得先解决生存问题，再去追求生存质量以及发展，但实际上大多数人不去做自己想做的事儿并不是因为生存的压力，而是因为压根儿就没有想清楚自己想要活成什么样子，或者想清楚了但没有行动的决心和勇气。

天之道，损有余而补不足；人之道，损不足以奉有余。

生命是一个平衡。天之道就是，我们已经拥有了很多东西，就不应该再牺牲其他东西来追求更多了，而是应该去追求自己缺乏的东西，并且应该把有余的东西与别人分享。

有钱了就应该多去追求钱以外的东西，而不是追求更加有钱，物质生活丰富之后就应该追求精神生活以及灵魂生活，而不是追求更好的物质生活。

我父亲五年前去世了，这几年我经常想起父亲，越来越明确地感受到：我们每个人终将离开这个世界，离开这个世界时，我们什么都带不走，就像成吉思汗说的，即便富有四海，死后埋身之地也不过丈八而已。

我们离开这个世界时，能够带走的只有亲人对自己的思念，以及那些曾经因为我们的存在而受益的人对我们的思念，还有就是我们的作品，例如我父亲曾经写过两本书、一本诗集。

如果想清楚这些，把大量的时间花在继续赚更多的钱上有意义吗？花在对金银财宝或者其他任何物件的追求上有意义吗？恐怕远不如帮助他人，或者著书立说，或者创办一个可以流传下去的有价值的企业有意义。

人生，越早想清楚自己想活成什么样子，就越有可能活成自己想要的样子，因为别人还在四处游荡之时，你已经每一天每一秒都向着自己喜欢的样子去生活了。

3

活法是自己选的

我们为什么活着？因为我们不想去死，既然如此，就应该好好地活着，活成自己想要的样子。当我们离去时，遗憾少少的，欣慰多多的，我们的存在为这个世界留下了一些印记，有一些人因为我们的存在而感受到过温暖。

人的价值是由其不可替代性决定的，不可替代性越大，价值越大。即人的价值是由其对别人、对社会的影响决定的，如果别人、社会因为你的存在变得更好，你就是一个有价值的人，你的人生也就有了更高层次的意义。

四年前父亲去世时，我写了一副挽联：种瓜得瓜，今生功德了无憾；因果轮转，来世修行自可期。在我心中这是圆满人生的写照。

电影《后来的我们》讲述的是两个从北方小县城来到北京

的年轻人，坚持在北京生活和奋斗的故事。虽然在北京生活很苦、压力很大，但是他们坚持不回家乡小县城，因为他们知道，如果回去，人生就会在平平淡淡的重复中消磨，一切都是可预期的，结婚、生子、过日子……现在就知道30岁乃至60岁的时候是什么样子，他们不想把自己的人生活成这个样子，因此顽强地坚持留在北京。

女孩小晓认为出路在于嫁给一个北京人，所以不断找有房子的北京人谈恋爱，不断受挫；男孩见清其实并不太知道自己想要什么，但是非常爱女孩，认为女孩想要的就是他要努力奋斗的。

在两个人人生的最低谷——女孩谈恋爱屡屡受挫以及男孩因为卖盗版光盘被拘留之后，两个人走到了一起，挤在几平方米的半地下室里相依为命，很享受彼此的相爱，捡来的一个沙发就是天大的小幸福。

但最终在生活的压力之下，两个人的心态都发生了变化。也许是因为实在接受不了男孩的颓废，也许是希望自己的离开能够让男孩警醒，女孩离开了男孩。女孩离开之后，男孩的生活确实发生了改变。他努力奋斗，最终开发出了一款非常畅销的游戏，成了成功人士。

成功后，男孩找到女孩，告诉女孩他可以给女孩梦寐以求的一切。然而女孩拒绝了。女孩说其实男孩从来就没有懂过她，不知道她想要的是什么。

后来，男孩娶妻生子，过上了与大多数人一样的日子，上班下班、做饭洗碗、敬老爱幼……女孩依旧在追寻自己想要的生活。

又是一年春运，两个人再次相遇，因为飞机延误又一起租车回京。回首往事，两个人感慨万千，却又只能说一声再见，各自回到自己的生活中。

绝大多数人的生活就是如此。年轻时不服气，努力奋斗却屡屡被生活的现实一次次击倒。然后大多数人屈服了，接受了普通人的常态生活。只有极少数人，坚决不屈服，坚决在路上，坚决去追求自己想过的生活。

与那些从来就没有想清楚自己想过什么样生活的人相比，他们是幸福的，至少他们一直在追求自己想要的生活。

生活的压力，哪怕是向往美好生活的时间表，对年轻人来讲其实都是极重的压力，会让人的心态发生变化，会让生活暗淡无光。

经济上的压力会让人生变得非常苦，让人无法去做自己想做的事，每天必须为晚上睡觉的地方以及下一顿饭从哪里来而发愁。在这种压力之下，感情要承受的考验远超我们的想象。

回想起来，我还是非常幸运的，因为年轻时我的妻子从来没有给过我压力。即便是我们住在摇摇欲坠的平房里，每天用电热杯煮方便面时，即便是结婚时没有任何电器，穿着朋友的新衣服、用朋友的相机自己照结婚照时，也从来没有对我抱怨，没有给我设定人生目标，甚至连对别人优越物质生活的艳羡都没有。

并不是所有人的人生都是五彩缤纷的，有的人活了几万天，有的人就活了一天，然后重复了几万遍而已。

我们不能也没有必要拓展生命的长度，但我们必须拓展生命的深度和广度：既然来这个星球一次，就应该把这个星球走遍，把我们想做的事情都做了，把我们想表达的都表达了，想体会的都体会了。下一辈子谁知道我们还会不会来到这个星球呢？

把每一天都当作生命中的最后一天来过，就会让我们离开这个星球时欣慰多多、遗憾少少。

人的一生，会遇到很多人，有的人会抬升你，有的人会下拉你。《后来的我们》中男孩见清遇到女孩小晓，是他一生的幸运；而没能跟小晓一生在一起，是他的幸运还是不幸呢？

活法是自己选的。

第二章

像赢家一样
思考和行动

所谓人生赢家，就是掌握了正确活法的人。像赢家一样思考和行动，你也可以成为人生赢家。

这个方法就是，想清楚自己想要什么样的人生。坚持追求自己想要的人生，同时积极修行自己的三大能力：认知能力、决策能力和执行能力。

1

我命由我不由天

人的命运可不可以由自己把握？命运是先天注定的还是靠后天努力？如果是前者，我们的努力将毫无意义；如果是后者，所有的努力都应该有回报，我们又应该如何努力来决定自己的命运呢？

这是个永恒的问题，有人说是前者，有人说是后者。有人说前世的因造就了今世的果；有人说没有前世也没有来世，没有神仙也没有救世主，命运在自己手中；也有人说命是先天注定的那一部分，运是后天自己可以把握的那一部分，所以命运既有先天注定又有后天的可改变性。

我的理解，这个问题的答案取决于这个世界到底是一个什么样的世界？

这个世界，万事万物都处于变化之中，没有永恒。万事万物之间是相互作用的，彼此之间又是缘起缘灭、因果轮转的。最重要的是，我们看到的事物都是表象，不是真相。

因此，人的命运有些在出生时就既定了，有些可以通过后天的努力改变。努力多些，能改变的部分就多些。当然命运中有一些不可改变的部分，有一些在此时可以被改变，但时过境迁，不可以被改变的部分。

所以，命运或多或少是可以把握在自己手里的。

如果按照内因外因的逻辑，环境和他人是外因，自己的修行是内因。在外因既定的情况下，内因起作用；在内因既定的情况下，外因起作用。作用的量变会导致质变，物极必反。

至于哪些能够被改变、哪些不能够被改变，在哪些时候能够被改变，以及既定的部分是由什么决定的，其实并无太大所谓。我们只需要知道，每个人的命运，既有不可改变的因素，也有可以改变的因素。如果不努力去改变就只能听天由命，如果努力，一定可以或多或少改变自己的命运。

所谓人生赢家，就是能最大限度把握自己命运的人。

能力越强的人对自己命运的把握余地越大，越弱的人把握余地越小，最弱的人没有选择余地，只能苦苦挣扎求生。

坦然接受命运中不能改变的，努力改变能够改变的，欣然享受一切过程。

2

赢家心态的四个关键词

经历的事越多，接触的人越多，越发现，虽然世界上千人千态，但本质上就两种人：赢家和输家。准确地讲，赢家心态的人和输家心态的人。

心态是因，输赢是果。赢家心态的人，基本上会成为赢家；输家心态的人，原则上必然会成为输家。

不是因为一个人是赢家所以是赢家心态，而是因为一个人是赢家心态所以才成了赢家；不是因为成了输家才是输家心态，而是因为一个人是输家心态所以最终成了输家。

俗话说"三岁看老"，说的就是"心态决定人生"。那些从小天不怕地不怕、喜欢出头、争强好胜的孩子，骨子里流淌的是"赢家心态"，这基本上注定了他们会成为人生的赢家。想寻找未来的领袖，可以去幼儿园找那些孩子王，他们很可能就是未来的领袖，至少可以肯定的是，幼儿园里面那些唯唯诺诺、默默无闻的孩子今后几乎不可能成为"领袖"。

所谓赢家心态就是：自信、自主、自强和自嘲。

第一，自信。

自信未必能成功，但是不自信一定不会成功。只有自信的人，才敢于去争取机会和把握机会。而自信带来的稳定心理素质，会让自信的人压力越大越能超水平发挥。正如篮球比赛进入秒杀时刻，投中三分球就能反败为胜，投不中就失败，以及足球比赛罚中点球就是世界冠军，成为夺冠功臣，罚不中就痛失冠军，成为千古罪人，在这些时刻，只有自信的人才能成功。

有输家心态的人是不自信的。他们天然认为自己是群众，需要领导来领导。他们的思维模式是，"这不是我干得了的事"，所以遇事他们习惯于向后躲，等待别人来主事。

有赢家心态的人都是超级自信的，甚至自信到了自负的地步。他们天然认为"舍我其谁"。在他们眼里，天底下就没有自己做不了、做不好的事情。他们的思维模式是，"别人都干不了？太好了，这正是我大显身手的时机"。

无数事实证明，只有敢于做决策的人才能走向成功，很多时候做错决策甚至比不做决策都要好很多。输家心态的人往往很犹豫，遇事总是想来想去，前怕狼后怕虎，不敢做决策；赢家心态的人往往果敢，敢于做决定，敢于承担责任，当断则断。

试想一下，一个自信的人和一群不自信的人被投入到一个陌生的环境中，结果会怎样？当然自信的人第一时间会跳出来成为拿主意的"领袖"，不管有没有人任命他；而不自信的人注定会成为被领导的"群众"。

第二，自主。

赢家心态的人一定是自主的。自己的事儿永远自己决定，永远不把结果寄托在别人身上，永远把命运握在自己手里，永远假设友军会疏漏，永远假设既定的计划会出现不可抗力，在此基础上把命运掌握在自己手里。

输家心态的人是打工心态。在他们眼里，自己家里的一亩三分地之外都是别人的事情，多一事不如少一事。

赢家心态是主人心态。他们认为，天下事都是自己的事，既然自己看到了就与自己相关，他们会把所有的事情当成自己的事情去处理，去追求最好的结果。

输家心态的人总是关注环境，认为环境对自己不利，认为条件还不足够，所以总是在抱怨和等待。输家心态的人的思维模式是"因为……所以……"，"因为别人这样对我，所以我就只能这样对待别人"。

而赢家心态的人从来不为环境和条件所左右。他们坚信

"我命由我不由天"。在他们眼里，环境有利也好不利也罢，条件成熟也好不成熟也罢，都没有关系，这只是他们做事的背景而已，他们想的永远是我自己该怎么做。赢家心态的人的思维方式是"只要……就会……"，"只要我这样对别人，别人就会那样对我"。

输家心态的人是悲观的，凡事总是看到坏的一面，总把人往坏的方面想，总担心坏的事情发生；赢家心态的人是乐观的，凡事总是喜欢看到好的一面，至少是看到好坏两方面，他们认为结果如何取决于他们的努力，他们可以掌握自己的命运。

和悲观的人在一起，周边弥漫着的都是丧气和压力。和乐观的人在一起，感受到的都是快乐和希望。只有乐观的人才可能成功。

第三，自强。

输家心态的人好胜心都不强，随遇而安，差不多就行是他们行事的典型风格。

赢家心态的人都不达目的誓不罢休，不做则已，做就一定要做成，而且要做好。

我喜欢开快车。我的理论是，比我的车差的，当然应该开得比我慢；和我的车一样的，当然不应该开得比我快；比我的车好的，因为我的技术好，所以我应该可以比他们开得快。这就是典型的争强好胜心态。这种心态之下，必然不用扬鞭自奋蹄，永远把今天的高点作为明天的起点。

赢家心态的人重结果，他们认为没有结果就是没做；输家心态的人爱谈过程，他们关注的是过程中自己没有责任，或者说，他们更愿意随时关注过程中的不利因素，一旦失败便以此作为自己的"理由"。

第四，自嘲。

赢家都是非常善于调节自己心理状态的人，能够让自己快速从失败和挫折中走出来，笑对人生。一点点阿Q精神，一点点精神胜利法，是每个赢家骨子里的东西，这是他们应对失败和挫折的秘密武器。

我经常说"做人要表扬和自我表扬相结合"。没有人表扬我们，我们就自己表扬自己。我们不需要别人表扬我们，因为我们可以自己表扬自己，就是这个道理。

俗话说，三穷三富过到老。没有人会一帆风顺，而且"人生不如意，十事常八九"。遇到挫折是常态，是否有能力迅速调整自己的情绪和心态继续战斗，对于成功而言至关重要。

所有的成功都是九死一生的结果，成功的路上必然会面临无数次的失败，面临无数的逆境，而且在逆境中，从来都是祸不单行。很多时候，失败不是因为实力不够，而是心态垮掉了，精神垮掉了，信心没有了。

对自己而言，具备赢家心态，你就会是赢家；对做事而言，选择赢家、规避输家，你就是赢家，选择输家、错过赢家，你就是输家；对企业而言，把那些输家心态的人摒弃在外，基本上就成功了一大半。

精进有道

3

成功需要具备的素质和能力

企业家的工作可能是这个世界上最难的，因为这份工作有三个特点。

第一，企业家干的是一件从无到有的事。不论是创办一个企业还是经营一个已有的企业，要做的事情都是把一个不存在的产品或者服务创造出来，然后推广给所有人。从无到有的事，难度很高。

第二，企业家需要聚集很多人一起工作。艺术家或者科学家，一个人单打独斗就可以了。但是作为企业家，必须能够整合一大批各有特色、各有个性的人，并让他们协同工作。

第三，企业家是一个终身职业。任何一个企业家都没有退休的那一刻，即便是离开了自己的企业，一旦企业遇到困难，所有的企业家都会选择重新出山。

这三个特点决定了企业家的工作非常难。如果能把企业家做好，其他的工作应该都不在话下。

因此我们来探讨一个优秀的企业家应该具备哪些素质和能力，对所有人都有借鉴意义。

一个优秀的企业家应该具备三大素质、两大能力。

第一个素质，志存高远。

只有那些树立了特别远大的理想、特别远大的志向的人，才能够到达终点。小富即安的人，随时会被各种诱惑牵制的人，是不可能到达成功的终点的。

第二个素质，心胸宽广。

只有心胸宽广的人，才能团结到比自己强的人，才能凝聚起形形色色的人才，披荆斩棘地前进。

企业家必须是太阳型人格，像太阳一样，永远给周边的人带来温暖和关怀，离他越近越能感受到温暖，越会得到他的帮助。太阳型人格的人，朋友会越来越多，追随者会越来越多，路会越走越宽。

第三个素质，意志坚定。

世界很大，人生很长。我们想做的任何一件事都不是轻易可以达成的，只有百折不挠、愈挫愈奋的人才可能成功。

两个能力，第一个是学习能力。

我们每个人生下来除了吃喝拉撒和哭泣外什么也不会，有人会成为伟大的科学家、伟大的企业家，是因为他们会学习，一个善于学习的人会每时每刻汲取养分、提升自己。

学习有三种方式。

第一种是跟书本学。多读书，读好书，会读书。

第二种是跟先进学。只要发现任何人做任何事情，做得比自己好，就静下来想一想，他为什么做得好，好在哪里，他是怎么做到的，想明白了，就学到手了。真正的强者都是吃一堑长一智，吃一堑长三智，甚至看到别人吃一堑自己长三智。

第三种是跟自己学。做过的任何一件事情，做完之后都静下来想一想，这件事情如果再做一遍，我还会这样做吗？在哪些地方我可以改进一下？这就是柳传志先生说的复盘，有复盘习惯的人想不进步都不可能。

第二个能力是战略能力。

越复杂的事情，时间周期越长的事情，越需要规划出清晰的目标，找到达成目标的路径，并且组织起资源去实施，这就是战略能力。这个能力对于成功而言至关重要。

成功企业家需要具备的三大素质和两大能力，其实是所有想成功的人都必须具备的。这些素质和能力对某些人来说也许是天生的。但其他人是可以通过后天有意识的修行，让自己具备这些素质和能力的。

4

向前看，
向后看，
B 计划

古往今来，所有强者都有三个非常好的习惯：向前看、向后看和 B 计划。

拿破仑曾经说过，如果说我对一切胸有成竹，那是因为这些事情在我的脑海里已经推演了几十遍。

强者的大脑是从不休息的，就像马儿一样，即便睡觉也睁着一只眼睛。

虽然很多强者举重若轻，甚至好整以暇，例如我本人，大概一半以上的时间没有待在公司，但那只是物理时间。董事长对企业最大的贡献不是他的物理时间，而是他的脑力和心力时间，是他对企业的投入程度。这两个方面，我可以说是

$7 \times 24 \times 365$ 的，我相信所有成功的企业家都是如此。

而且，古往今来，所有强者都有三个非常好的习惯。

第一，向前看。

预见未来，这是强者必须具备的素质。

有人天生有预见性，有人没有。没关系，预见性是可以后天训练的。很简单，闭上眼，静下心，设想一下未来一周会发生的重大事情，未来一个月，未来两个月，以此类推，慢慢地就可以预见未来半年乃至一年自己要面对的重大问题。

再大的事，提前半年甚至一年预见到了，也就不是事了，有大把的时间未雨绸缪，再大的雨也可以从容应对。

第二，向后看。

随时复盘，对于已经发生的事情进行目标结果对照、情景再现、得失分析以及规律总结，这是让一个人吃一堑长一智，不断从经历中成长的最有效的办法，也是最有效的学习办法。

围棋高手最重要的学习方式，从来都是复盘。

赢家的大脑时刻都在对新的事物进行分析、归纳和总结，研究规律性的东西，再与自己已有的认知体系相印证。如果符合最好，如果不符合，他们会马上深入研究，是自己已有的认知体系有问题，还是没有涵盖到新事物，或者新事物是

精进有道

一个特例。最终一定要得出结论。这个过程本身就是一个不断提高自身认知能力和决策能力的过程。

拉卡拉十二条令规定，结论必须归纳为三条。任何事情若不能归纳为三条结论，说明你还没有完全想清楚。

第三，B 计划。

强者对任何事情永远有备选方案，甚至不止一个。任何事情，在一切尘埃落定之前，都随时准备启动备选方案，这是强者永远把命运把握在自己手上的关键。

这三个习惯，是强者身上的共性。

而且，没有强者会在没有意义的事情上浪费脑力。人的大脑容量是有限的，一个时间只能思考一件事。强者是绝对不会把宝贵的脑力用在八卦上的，他们会专注在自己认为重要的事情上。

当然，强者还有另外一个本事，他们会把大脑分成一个一个小房间，思考和处理完那些必须由他们去思考和处理的事情之后，就会把这个房间关上，不再去想，空出空间来思考其他事情。

这也是拉卡拉十二条令要求和领导谈话之后要写备忘录的原因，因为领导做完指示后会把这些事情隔断，去思考别的事情，你若不去写备忘录让领导确认，必然会影响到落实。

　　所谓人生的修行，就是让自己的认知能力、决策能力以及执行能力更强。而向前看、向后看以及 B 计划这三个习惯，就是让我们能力更强大的简单有效的好方法。

5

成功的人，
永远留有余力

成功有没有秘籍？其实有，如下四个法则，可以大大提高成功的概率。

法则一：走正道。

这是一个大是大非的问题。人之所以为人，是因为我们有是非观念，我们会先问是非再问成败，而动物是弱肉强食、不讲是非的。

走正道是做人做事的基础。走正道，路才会越走越宽；不走正道，路会越走越窄。不走正道，即便最后家财万贯、光环满身，也不足羡。

谁都不比谁傻半小时，耍小聪明即便可以得逞一时，半小时后人家就会醒悟过来。如果把视角放到三年、五年甚至十年之后，其实走正道更快，是成功唯一的捷径。

如果不走正道，一定会死，只是时间早晚的问题。

法则二：尊重规律。

凡事都是有规律的。例如，饭要一口一口吃，路要一步一步走，人的年龄要一岁一岁地长，再伟大的人3岁以后也是4岁，不可能是5岁，再优秀的品种被拔苗之后，苗也会死。

如果听到很多超越常识或者不合逻辑的事情，比如特别高的利润率、特别快的发展速度、特别高的估值、特别神奇的市场反应等，首先需要提醒自己的是，不合逻辑必有问题，超越常识就是骗局。

法则三：永远留有余力。

看得再准、再有把握的项目，也不要把全部资金投进去；再有把握的一个产品，也不要把公司的未来全部押上去。

玩德州扑克的人都知道，顶级高手是从来不 all in（全押）的，哪怕他拿到的是已经领先的大牌，在最后一张牌发出来之前，他不会把全部的筹码押上去，因为还存在变数。即便全部的牌都发完了，拿到了顶级大牌，他也不会 all in，因为那样的强势对手可能不会支付价值。

练武之人都知道，把全身的力气集中在拳头上一拳打出去，如果打空了，会闪着自己、会伤到自己。即便打中了，如果打中的是特别坚硬的东西，巨大的反弹力也会伤到自己。

所有的决策都是在权衡风险和收益，天底下没有只有收益没有风险的事。收益越大，风险越大。所谓的留有余力就是不要为了追求极致的收益，把风险放大到自己不能承受的地步。

留有余力就是如果这件事情做败了，我会不会死去？如果没有死去，我还有没有东山再起的筹码？

法则四：要有预见性。

必须让我们自己能够预知未来。

新手开车经常是急刹急停，原因很简单，新手开车时看的是汽车前面一米的地方，临到跟前才看到人或者坑，当然只能猛打方向盘。而老司机开车永远把目光盯在远方 150 米的地方，两眼的余光看路的两侧，并且会经常瞄一下后视镜。所以任何一个老司机对车辆周边的状况永远一清二楚，遇到人和坑，提前 100 米就看到了，提前 50 米就减速和打方向盘了。

有预见性的人都会非常从容，因为如果提前一年半年预知会发生的事情，再大的事儿都不是事儿。

预见性是一种能力，更是一种意识。任何一个人都可以训练和拥有这种意识。闭上眼睛开始想，明天会遇到什么，你肯定能够想得出来。下一个星期呢？下个月呢？三个月以后呢？

如果知道自己需要有预见性，你一定可以有预见性。

这个世界，绝大多数时候分胜负根本到不了需要拼刺刀的阶段，大多数时候，坚持做对的事，坚持正确的方法，就已然分出胜负高下。

100 个人说想去做某件事情，往往只有 50 个人会出发，所以一出门你的竞争对手就少了 50%。而出发的 50% 中，又有 50% 在遇到第一个困难时会放弃，对手只剩下 25% 了。继续向前走，有人因为不走正道翻车了，有人因为不尊重规律受伤了，有人因为不知道留有余力失败了，有人因为没有预见性而出错了。

选择做对的事，马上开始去做，并且一直坚持，基本上就已然看到成功了。

6

打得赢就打，
打不赢就跑

《孙子兵法》讲的虽然是军事，但本质上讲的是成功之道。军事是最残酷的搏杀，能够取得战争胜利的战略战术当然用之四海而皆准。

孙子的核心思想是先战略后战术，若是战略不正确，战术上再努力也改变不了结局。

第一个理念：一战而胜。

孙子兵法的理念首先是不战。他认为作战亦有损耗，所以不要轻易作战，不战而屈人之兵是最好的战略。如果要作战，一定要争取一战而定，百战百胜不是高明的战略，最高境界是等待敌之可胜，然后一战而胜。

战略绝对是有对错和高下之分的。正确的战略必然胜利，错误的战略必然失败，高明的战略运筹帷幄之中、决胜千里之外，平庸的战略杀敌一千自损八百。

《孙子兵法》云："昔之善战者，先为不可胜，以待敌之可胜。不可胜在己，可胜在敌。"能否取胜取决于敌人的状况，而非我们自己，先让自己立于不败之地，慢慢等待战机。没有战机的时候必须耐得住寂寞，要有足够的耐心，不要冒进，否则很可能就是灭顶之灾。

德州扑克是一个非常修炼心性的游戏，要想成为高手，必须让自己的性格达到理性的平衡。我们性格上的每一个弱点，例如好奇、不服、任性、懦弱等，都会让我们输，只有把这些性格上的弱点都修炼没了，才能成为高手。

善战者应该把握两点：一是有足够的耐心等待敌人变得可以被战胜，再投入战斗；二是追求一战而胜，而不是百战百胜。

如何才能使"先为不可胜"呢？我认为就公司而言，无外乎抓住需求做好产品，经营好自己的市场，等待市场的转折点或者等待对手犯错，给我们带来市场时机或者并购对方的时机。就德州扑克而言，不入局即可不被战胜，所以必须降低入局率，但不入局不可能有战机，所以积极的打法应该是时刻铭记要在"先为不可胜"的前提下积极寻求战机，多入局，尤其是在对手加注、暴露牌力，自己位置有利、起手牌虽落后但有弹性、筹码有深度的前提下敢于入局，寻求伏击对手的机会。如果翻牌无关又能果断止损，那就是更高境界的在运动中"先为不可胜，以待敌之可胜"的打法，核心是不忘初心。

何时才是"敌之可胜"呢？就公司而言，对手战略失误、产品失误，或者内部出现管理混乱、人才流失等到一定程度，都是"敌之可胜"之机。就德州扑克而言，对手水下之后的急躁、读牌失误的错误加注或者跟注、粘锅之后的难舍等，都是"敌之可胜"之机。从某种角度看，德州扑克本质上就是一个比谁犯错少的游戏，等待对手犯错是自己取胜的关键。

第二个理念：胜而战之。

高明的战略一定是确定可以打赢才投入战斗，而不是投入战斗之后再想办法如何打赢，再想办法战而胜之。

不但要先计算天时地利人和，还要在自己选定的战场和时间开战，以扩大获胜的把握。

胜而战之和战而胜之本质的差别，是战略的高明和不高明。

就企业经营而言，不要在自己无法获胜的市场参与竞争，要选择在自己有获胜把握，至少是有获胜机会的市场参与竞争。就德州扑克而言，无论是翻牌前的起手牌还是每一条街的加注，一定是领先或者有合适的赔率胜率比再投入战斗，而不是因投入少或者赌运气而投入战斗；大牌大锅、小牌小锅，我们把每一个筹码投入彩池，一定是因为我们可以获胜，只有在赔率胜率比合适的情况下，我们才会投入战斗。换言之，如果不处于领先位置，且赔率胜率比不合适，就应该马上止损，即便自己领先。但如果牌面湿润，也应该控池，不给水下的或者心态失衡的或者喜欢 BB（德州扑克术语，指对方打法错误但赢了）的对手和自己搏命的机会。

围三缺一，穷寇莫追，与拼命之敌拼命是愚蠢的，把获胜的希望寄托在运气上也是愚蠢的。

第三个理念：打得赢就打，打不赢就跑。

敌进我退，敌退我进。即使已经谋划好了这是一战而定的机会，而且也有非常大的胜算，进入战斗之后，如果战场局面发生变化，不要认为已经投入战斗就要死拼到底。如果情况已经发生变化，从打得赢变成打不赢了，就必须马上撤出战斗。

这一点在德州扑克上表现得更清晰，即便计算得再好，牌力再领先，下一张牌发出之后局面必然会发生变化，如果对手已经买到自己需要的牌，我们已经由领先变成落后，这时候需要做的是打不赢马上就跑。

第四个理念：狭路相逢勇者胜。

如果已经投入战斗，并且认为有"胜而战之"的机会，就要有一种狭路相逢勇者胜的勇气，敢于投入、敢于战斗、敢于坚持，很多时候胜负就取决于谁更有勇气、谁能多坚持五分钟。

这点在德州扑克上非常明确，一旦投入"胜而战之"的战斗，就一定要有一种"结构牌也认了"的勇气拼到底，一定要有勇气跟注或者主动 all in。这也是有人说德州扑克是勇敢者的游戏，很多时候只能向死而生的原因。在必须战斗的时候，只有我们有勇气去下注才能够赢得胜利，只有我们有勇气去跟注才能赢得本来属于我们的胜利。

　　就企业经营而言，如果是关于企业发展的生死问题，领军人物必须抱着不撞南墙不回头、撞了南墙也不回头，甚至用头把南墙撞破冲出一条路的勇气。

　　坚持正确的战略原则，是取得最终胜利的唯一路径。

7

读书有道

人生最重要的事，就是构建起自己的认知体系，包括"道"的层面的认知体系和"术"的层面的认知体系。

读书的目的是构建和完善自己的认知体系，而不是记忆一些知识点。

我们生存的世界，有物质层面、精神层面和灵魂层面。我们每天面对的吃喝拉撒睡、柴米油盐酱醋茶等现实生活是物质层面的世界；文学、艺术、喜怒哀乐等是精神层面的世界；宗教、哲学等是灵魂层面的世界。

物质层面是"术"的层面，精神层面和灵魂层面是"道"的层面。

"道"的层面的认知体系即我们的三观：世界观、价值观和人生观。我们如何看待、如何理解这个世界？我们的是非标准是什么？我们准备如何度过自己的一生？"术"的层面的认知体系即我们如何理解现实世界中的各类事物以及如何解决现实世界中的各种问题，诸如经营公司、管理公司、金钱、爱情等。

只有形成了自己的认知体系，我们才能够驾驭事物、驾驭自己的人生，我们才是"活明白"了的人。

认知体系的形成，第一靠自己思考，第二靠向前人、向先进、向自己学习，而读书是最普遍的向前人学习的方式，站在前人的肩膀上来构建自己的认知体系。

读书的时候，要把读到的东西，和自己已有的认知体系相印证，如果相一致最好，如果不一致，就要高度重视，这也是我们读书的最大价值所在，要深入分析研究孰是孰非。最终研究明白是我们的认知体系有偏差，还是书中所写是错误的或者是特例，如果是我们的认知体系有偏差就马上校正，如果是书中所写错误，就坚持我们原有的认知。

读书是最重要的学习方式之一，我们不但要爱读书，还要会读书。

8

要做事，先做人

一位朋友曾说，能让你上升的人也能让你下降，所以做人要讲道义，别拿善良的人当傻瓜。他说得真是太透彻太深刻了。

每个人做的每一件事情，体现的都是他的三观：他如何看待这个世界，如何看待是非，以及准备如何度过自己的一生。

三观不正，坑蒙拐骗，自私自利，为达目的不择手段，会让你的路越走越窄，因为你能够欺骗的，要么是善良的人，要么是相信你的人。其实谁也不比谁傻，即便是因为对你的信任或者因为自己的善良相信了你，之后也会发现自己上当受骗。而一旦发现了你做人有问题，最好的结果是对方会离你远去，大多数情况下是对方还会把自己上当受骗的经历告知周边的人。

三观正，好名声，好口碑，会让别人慕名跟你合作，路会越走越宽。托妻寄子就是这样的故事。古代有一个人要死了，他没有选择请身边的人照顾自己的妻子和孩子，而是写了一封信让他的妻子带着孩子去遥远的中原，找一位他并没有见过，只有书信往来的人，果然，这个他从未谋面的人妥善地照顾了他的妻子和孩子。

物以类聚，人以群分。人都会愿意结纳跟自己三观一致的人，并对他们心存敬意。你自己三观正，身边就多是光明正大、乐于助人之辈；你自己三观不正，身边就多是鸡鸣狗盗、相互算计之人，所以说做人直接决定了你的未来。

我们老祖宗是最有智慧的，提出修身、齐家、治国、平天下，只有自己做人做好了，才能够把家治理好，也才能够成就一番事业。

人生的最高境界是立德、立功、立言，不但要做一个正能量的人，还要能够成就一番事业，能从自己的人生经历中感悟出一些东西，整理出一些有益的人生体验，著书立说，于后人有所助力。

世界很大，如何在未来的道路上能够走得远、活得快乐，方法是先做人。

做一个走正道的人，做一个像太阳一样温暖他人的人，你的路就会越走越宽，你的未来就会一片光明，你的人生就会充满快乐。

9

你的昵称，
就是你的"后脑勺"

　　之前，一个人申请加我微信好友，昵称是"坏小子 × 爷"，我没有通过，因为我觉得自己好像不应该与一个"坏小子"成为好友，当然我更没有一个什么"× 爷"，如果加了好友，我岂不是每一次都要@"× 爷"？所有昵称叫"×× 哥"、"×× 叔"，或者有莫名其妙的无厘头名称、头像的人的好友申请，我都不会通过，不拉黑已经是最大限度的包容了。

　　每一次在群里看到各种奇葩昵称，每一次看到那些莫名其妙的昵称的加好友申请，我都很费解，难道他们真的没有意识到这些奇葩昵称是自己形象上的一个巨大"污点"，让他们自己面目可憎吗？

　　在社交媒体上可以给自己取昵称，但不等于就可以随心所欲，取各种千奇百怪的名字。你喜欢自称"坏小子"或者"××哥"，就要准备承受别人看着不舒服、不认可你的后果。

同样，你的每条朋友圈，每个点赞和评论，都是你的网上形象，是你自己个人形象的一部分，每条都在向别人透露着你的思想、品味和德行，都会成为别人判断你为人的依据。

作为职场人士，必须像爱护眼睛一样爱护自己的社交媒体形象。

1. 你需要社交媒体账号，在社交网络上存在。否则相当于和别人生活在两个世界，不利于你的工作和生活。一个没有社交媒体账号的人，会被上级认为是一个与时代脱节的人，一个不爱学习的人。

2. 不要在朋友圈屏蔽你的老板，即便你的老板屏蔽了你。有两个微信账号，一个用来工作，一个是个人生活账号，只把工作微信展示给老板，也是不可取的。这些都会让老板认为你不愿或者不敢将更多情况展示给他，即便老板不多心，但是你不让老板了解你，他又怎么能信任你？

3. 现实生活中不能示人的也不能发朋友圈。朋友圈不是发泄的小黑屋，你的朋友、同事、老板和商业伙伴都在看，你可以不发，但你发的每一条都会影响别人对你的印象和判断，现在连信用评估体系都会把社交媒体记录纳入信用评价参数，在朋友圈上的每一次撒野都是在自毁形象。

4. 昵称可以有，但取名要庄重。这是你的仪表。我从没有见过任何一个成功人士随便起自己的昵称，要么老老实实用本名，要么用一个体现自己身份的名称。另外，如果要使用昵称，请在昵称后面标注本名，否则在一个群里，没有人会记得你是谁，甚至不妨标注出公司，因为你希望能记住你的人往往比你忙，你不标注清楚，对方可能真的不会注意你是谁。

现实生活中，你不会蓬头垢面地出门，也不会在任何公共场合肆意妄为、脏话连篇。社交网络时代，社交媒体已经和现实生活一样成为你生活和工作的一部分，更是你形象的一部分，你同样不可以肆意妄为，要认真重视，管理好自己的形象。甚至，你应该学会善用你的朋友圈，潜移默化地传递一些你希望别人知道的信息，为自己的职业生涯助力。

联想有一个文化，强调看人既要看前门脸儿也要看后脑勺，即不但要看一个人人前的表现，也要看一个人人后的表现，这样才能全方位评价一个人。社交媒体时代，你的昵称、你发的朋友圈、你在朋友圈和别人的互动，都是你的"后脑勺"，赶紧重视起来吧，从昵称入手，善用之，是助力，放任之，是慢性自杀。

10

在商业礼仪上失礼，
就是"找死"

　　在商业上，礼仪非常重要。虽然按照商业礼仪做不一定能够达成商业合作，但是如果不按照商业礼仪做，商业合作根本不可能达成。

　　中国是文明礼仪之邦，可惜现在很多人不知道是不懂还是不在意，在商业场合经常表现得很无礼。

　　相信很多人都遇到过以下这些情况。

　　1. 陌生来电：不知道从哪里找到你的号码，直接打过来推销产品，或者想谈合作。

　　2. 不合时宜的来电：虽然认识但不是很熟的人或者你的下级，在晚上、周末等私人时间打电话给你；或者虽然是工作时间，但是在你非常忙碌时打电话过来。

3. 莫名其妙的微信昵称："××叔"、"××哥"，或者更莫名其妙的名字。

4. 不合时宜的称谓：比你级别低的人直呼你的全名，或者不熟悉的人称呼你的名字。

5. 核心信息错误：给你发邮件、发信息，却把你的名字、职务、公司名称写错。

6. 不知轻重的请求：一个业务员希望联络总裁面谈之类的。

这些在商业上都是非常失礼的行为，商业礼仪上的失礼就是"找死"，等同于你自己堵上了可能的合作之门。

陌生来电是非常失礼的。试想一个不认识的人打电话给你，你的第一反应是什么？首先是疑虑和戒备，对方如何获得你的电话号码？其次是恼怒，对方是何方神圣，可以直接打电话给你？试想，这种情况下怎么可能有进一步的沟通？更别谈达成合作了。

不分时间、不分场合的电话是上级对下级、长辈对晚辈的权利，反之，就非常失礼了。下级对上级、晚辈对长辈的联络，应该首先采取不打扰对方的方式，例如先发短信，询问是否可以打电话，或者请对方方便时回电话。

微信、微博等社交媒体上的昵称，虽然是自己的事，但是一旦将账号用于商业，就不是自己的事了。试想，一个看上去让人云里雾里的昵称，接洽的商业合作对象会认为你是专业的职场人士吗？一个"××叔"、"××哥"的昵称，让比你年纪大、比你级别高的领导如何与你对话？如何@你？

至于称谓，更是商务礼仪的基础。下级对上级、晚辈对长辈直呼其名是无礼，直呼其全名就无异于挑衅了。即便是老朋友，多年以后如果身份地位已然有了差异，若要开展商业合作，再延续当年的绰号、称谓也属无礼。

而联络中把对方的名字、头衔写错，更是不可理喻。既然你认为对方很重要，希望和对方联络，但还竟然写错对方的名字，那是无知、不上心还是无礼呢？

还有，我经常被请求能不能帮忙引荐某位大佬谈合作。我每次都苦口婆心地劝，"您的这个事情人家不会直接处理，见大佬还不如见对方一个对口负责人来得实惠"。

商业合作的本质，是认识、信任、再合作的一个过程。如果把握不好商业礼仪，对方根本不可能愿意认识你，更不可能信任你，自然谈不上和你合作了。

讲究商业礼仪，并不是不可以陌生拜访，并不是不可以随时联络，关键是要把握方式方法，并且方式方法要与自己的角色、地位相符合。

最近一年，有两件陌生人联系我成功的事，而且联系我的只是对方基层的业务人员。对方的商业礼仪非常得体，非常执着，对方的建议也符合我们的需求。

这两件事，一个是短信联系到我，一个是微博联系到我，措辞都非常得体。首先阐明是如何获得我的联系方式的（解除你的疑虑和戒心，也消除被陌生联络的不快），然后自己介绍想法，最后希望我安排对口人员对接（非常清楚你的角色，不是要求和你谈）。

这类事情，我一般会直接转给对口负责人。涉及我本人的事情，如果兴趣不大我可能不会理会。但是这两件事，对方都是每隔一段时间再发一次信息给我，而且并不是简单重复前一次的文字，每次都有一点新的内容加入。三五次之后，我被对方的诚意所感动，甚至认为应该鼓励对方的这种执着。于是，对方一个基层员工做成了他们高层想做而没有做成的事。

所谓礼仪，就是知轻重、知大小、知进退、知缓急。说起来容易，做起来难，需要我们细细品味，根据场合、对象、事情的不同，采取得体、有礼貌的方式与对方打交道，这样才可能达成目标。

对于初入职场的人如此，对于创业者，尤其如此。

11

人脉不是你认识多少人，
而是多少人认可你

这世界上有两个让我无语的问题，第一个是在微信上问你"在吗"，不知道该怎么回答。如果不在，自然看不到你的问题。如果在，自然看得到你的问题，有什么事直接讲就是了。所以碰到这样的问题，我从不回答。

第二个无语的问题，就是问"忙吗"，这个问题其实很难回答，因为答案是也忙也不忙。

一个人忙不忙本质上是相对的，它取决于对谁以及对什么事，本质上反映的是你对对方的重要性以及对方要谈的事情与你的相关程度。

对方对你的重要性，取决于彼此的身份或者交情：老板找你，你永远是不忙的；路人甲乙丙丁找你，可能你永远是忙的；

孩子找父母，父母永远不忙；父母找孩子，孩子也永远不忙；闺蜜之间、死党之间，永远有用不完的时间待在一起；有交情的人找你，你永远是不忙的；没有交情的人找你，可能你永远是忙的。

对方要谈的事情与你的相关程度也是决定忙还是不忙的因素。如果事关你的 KPI（关键绩效指标），你永远是不忙的；如果是你不关心的事情，你可能永远是忙的。

当然，我们永远不可避免要找人谈我们关心但对方可能不关心的事情，这时候：

首先，应该尽可能减少对别人时间的浪费，只在不得已的情况下再去占用别人的时间。鲁迅说过，无端浪费别人的时间无异于谋财害命。本质上，每个人都是忙的，一辈子至多只有百年，一年只有 365 天，一天只有 24 小时，每个人都有无数想做的、必须做的、需要做的事情，所以，尽可能不去打扰别人是一种涵养。

其次，为人处世要立足于自己解决自己的问题，自己能够解决的问题不要去麻烦别人。我非常不理解的是，为什么有的人做任何事情都会去打扰别人呢？明明自己搜索一下、思考一下就可以有答案的事情，偏偏要把别人当作秘书一样去使唤，本质上是自私。

最后，能帮人处且帮人，很多时候你的举手之劳很可能对别人而言是雪中送炭。拉卡拉墙上贴着一句话：温暖他人，成就自己。你对别人的每一次援手，既是对别人的帮助，也是自己的福德，更是你为自己存下的一份交情。

不断让自己更强大，能帮助别人的时候，尽力去帮助别人，这比混再多的圈子和参加再多的无效社交都强百倍。

而让自己强大有两个途径，一个是提升自己的实力，一个是做人。

人脉，不是你认识多少人，而是多少人认可你。能力强的人，别人自然愿意跟他合作。人品正的人，大家自然愿意跟他交往。做人做好了，路自然会越走越宽。

12

"工夫在诗外"

宋朝大诗人陆游给他儿子传授写诗的经验时说"工夫在诗外",说他初作诗时,只知道在辞藻、技巧、形式上下功夫,到中年才领悟到这种做法不对,诗应该注重内容、意境,这才是写出好诗的根本。

人世间所有的事情,都是"工夫在诗外",我们要想把事情做好,必须从事情之外下功夫,而非盯着事情本身使蛮力。

所谓"文章本天成,妙手偶得之","诗"和"文章"是结果,但能够写出好诗好文章的"因"不是诗和文章本身的辞藻、技巧和形式,而是它们之外的一些东西,如作者的人生经历以及对于人生的感悟等。

任何一件事情,都是某些"因"带来的一个"果"。当然,事情本身又会是另外一个"果"的"因"。所以,只有对那些

"因"做努力，才能改变事情的"果"。不明白这一点，再多的努力也不会有效果。

所有事情的"因"不外乎三个变量，如果想影响"果"，我们要从这三个变量上下功夫。

第一个变量，是时间。现在再难的事，过一两年再回头看也不是事。现在解决不了的问题，放一放，过一段时间也许自然就解决了。

诗写得好，首先要熟读唐诗三百首，没有下过这个苦功，是不可能七步成诗的。拿破仑说过，如果他对一切胸有成竹，那是因为他此前把这些情况都预见到和思考过了。在拉卡拉我也一直强调，做领军人物必须要向前看、向后看以及有 B 计划，即要不断去预见未来、不断复盘并且凡事都要有 B 计划，这是我们能够对出现的任何事情都胸有成竹并迅速做出决断的原因。

所有的水到渠成都是未雨绸缪的结果，没有提前的布局和铺垫，遇事必然手忙脚乱。

第二个变量，是高度。古人云，诗言志歌永言。诗歌的辞藻、对仗都只是一种表现形式而已，要表现的是情感和志向，这些都是人生的感悟。在我看来，世界上所有的事情，归根结底都是三观问题，即我们的世界观、价值观和人生观。我们如何看待这个世界、如何看待是非以及如何看待自己的人生，在这些方面没有感悟，是写不出好诗来的。

要退出画面看画。一幅油画，如果站在跟前看，看到的只是一个一个色块，只有退到几米开外，才能欣赏到画的是什么。同样，站在桅杆顶上看见的东西，站在甲板上是无论如何都看不到的，这不是视力好坏和认真不认真的问题，是高度和角度问题。

这也是为什么我们要强调"上级的指示，理解的要执行，不理解的更要执行，在执行中加深理解"。要相信上级了解很多你不了解的资讯，要相信上级在考虑很多你不知道的东西。

还记得《亮剑》里面那个经典的桥段吗？楚云飞趁着日本人撤退的机会，派了一个炮兵营驻扎到大孤镇。那里是李云龙部队和孔捷部队的接合部，于是李云龙奋起反击，派出一个团开进到楚云飞的炮兵营周围，形成包围之势。炮兵营的指挥官早晨发现这一情况后非常慌张，想与团部联络，却发现电话不通，派出的联络士兵也杳无音信。这时炮兵营营长说，不用急，说不定两边的上峰正在交涉呢。果不其然，楚云飞和李云龙正在斗法，几个回合下来达成共识：李云龙部队让开一条大路，楚云飞将炮兵营撤回。很多你竭尽全力也解决不了的事情，需要的是更高层级的人介入。

第三个变量，是角度。他山之石，可以攻玉。很多解决不了的事情，换个角度也许就迎刃而解了。

我坚信万事万物的原理都是相通的。我非常喜欢户外运动，因为当你徒步三个小时以上，突破体力的极限之后，周身的毛孔都会打开，仿佛身体在和大自然同步呼吸，你会发现大脑开始出奇地空灵起来，很多原来困扰不清的问题，你突然看得清清楚楚，该如何决策呼之欲出。

很多事情的解决，都不能直来直去，而需要迂回包抄。

棋局胶着缠斗之时，不妨到别处落子，也许会柳暗花明；战争中相持不下时，不妨开辟第二战场，或者来个围魏救赵。

古往今来，成功最大的窍门，就是工夫在诗外。

清楚了这个道理，我们就知道该从何处着手来增加成功概率，也可以让我们举重若轻地走向成功。

第三章

修行
认知能力

最精彩的人生是活成自己想要的样子。活成自己想要的样子需要想清楚、坚持住，以及有能力。

人的能力分很多种，其中三种是根能力，即产生其他能力的能力，分别是认知能力、决策能力以及执行能力。

认知能力，认清世界以及人生的真实面目的能力。

决策能力，免于被欲望、情绪、情怀等心态影响，做对的事的能力。

执行能力，有态度、有素质、有结果地把事做对的能力。

三个能力，七分天生、三分修行。

想清楚，就是建立自己的认知体系。

认知体系，即每个人对世界、是非、人生以及万事万物的看法和应对方法，包括了大认知体系和小认知体系，或称"道"的认知体系和"术"的认知体系。大认知体系即三观，如何认识这个世界、如何认知是非价值观以及如何认知自己这一生；小认知体系即如何理解万事万物以及如何应对。

有了认知体系，即便第一次接触某个事物，基于自己已有的认知体系，包括逻辑、常识和经验等，也可以迅速形成对该事物的认知。

尽早形成自己的认知体系是成长的第一步。教育原本应该帮助人建立认知体系，但遗憾的是，现在的教育越来越走向应试化，学校里教的更多的是一些知识点而非认知，让学生记忆的是一些然而非所以然。

认知能力非常重要。人之所以异于低等级动物，在于人有认知能力，以及更强的合作能力。

1

认知世界:
看清世界的真面目

认知世界,不仅仅是掌握方方面面的原理和公式,或者读万卷书、行万里路,核心是要领悟这个世界的真实面目。这是我们认知的基础,也是快乐人生的基础。

若对这个世界的真实面目认知不正确,就会导致我们产生很多错误的、不可能实现的想法和欲望,这些都是痛苦的根源。

这个世界的真实面目首先是无常。没有任何事情是永恒的,所以任何对永远的追求都是不可实现的。例如我们希望有永恒不变的爱情,永不失去的财富,长生不老,永远成功,等等,这些愿望是注定无法实现的,如果以实现这些愿望为乐,那注定是痛苦的。

喜欢一朵花现在的样子，但这朵花此刻正在凋零，所以你注定会失去并且此时此刻正在失去这朵花现在的样子。

当然物极必反，这朵花此时此刻的凋零不过是再次盛开的开始。这个世界就像太极图一样，有黑有白，黑中有白，白中有黑，黑到极致会转化为白，白到极致会转化为黑。

这个世界的另一个真实面目是万事万物都是相互影响、相赖相依的。有因必有果，有果必有因。种瓜得瓜，种豆得豆。没有春华必然没有秋实。但是，又并不是所有的努力都会有回报，因为还有其他因素在影响结果。虽然你春天努力耕耘了，但是夏天遇到了狂风暴雨，秋天也会变成没有收获。认识到这一点，就可以明白，那些梦想着天上掉馅儿饼或者是一口吃成一个胖子的愿望为什么注定是无法实现的，以及为什么"人生不如意，十常居八九"。

努力去认知这个世界的真实面目，建立起自己正的世界观，是我们建立自己认知体系的第一步。在此基础上再建立的价值观和人生观才是真实不虚的。

1. 人生就是与世界结缘

佛家说缘分，江湖说交情，都是一个意思。

"缘"是有关联，"分"是关联的程度深浅；"交"是有交集，"情"是交集之后产生的结果。

不论缘分还是交情，都包含两个含义：一是你和别人要发生关联，产生交集；二是这种关联和交集需要有正向结果，让对方受益，你们之间才能有"缘分"，有"交情"，让对方提升，未来你们之间才会彼此信赖、依赖。

不是所有人之间都有缘，不是所有人都有交集。地球上有七十亿人，一个人一生中能够遇见的只有几万人，能够彼此认识的只有几千人，有共同经历的也许只有几百人，在共同经历之中能够彼此产生情分的也许只有几十人，彼此有血缘关系的也许只有几个，能够结成姻缘的只有一个。可见有缘分是多么稀罕的一件事。

不是所有的交集都能够产生情分，只有彼此在物质上、精神上、灵魂上相互给予，才会产生情分，否则即便有交集，也是视同陌路，甚至彼此怨怼。

同样是同窗四年的缘分，同样是一个宿舍住四年的缘分，有些人成为莫逆之交，有些人只有同窗之谊。

人生是一个过程。生命从某种程度上可以用你和世界的缘分或交情深浅来度量。读万卷书、行万里路的人和这个世界缘分很深、交情很深；足不出户、坐井观天的人和这个世界的缘分很浅、交情很浅。

人之所以异于动物，在于人有感情。感情很影响决策，感情也让人愉悦满足。与更多的人有缘、与更多的人有交情的人，自己会更开心，路也会走得更顺，所以老祖宗说"多个朋友多条路"。

有情怀的人会与更多的人有缘分、有交情，因为情怀就是考虑他人而非自己，考虑未来而非现在，考虑精神而非物质。

做个有情怀的人吧，能帮助别人的时候一定要出手，尤其是你的举手之劳对别人而言是雪中送炭时。

做个开放的人吧，不要总是在自己的情绪和得失上兜圈子。走出去，到大自然中去，到世界上去，你会发现很多新天地，你会遇到很多新人。

拓展你和世界的缘分，你会拥有一个更美好的世界；拓展你和他人的交情，你会拥有一个更美好的人生。

2. 看清世界的本来面目

人如何才能获得快乐？

人对外界的感知是靠六根、六尘及六识，亦称十八界。十八界很容易被事物的幻象蒙蔽本质，所以，人的第一个挑战就是必须超越这些幻象，洞悉世界的本质。

这个世界的本来面目是什么呢？

第一，万物空无自性。

空，不是不存在，也不是存在，而是说没有任何东西可以独立存在，没有任何东西是空无独立自性的个体。世界上的万事万物都不是独立存在的个体，而是相互关联、相互依存的。

每一法都与其他法互依而存，相切（此中有彼，彼中有此）、相即（此是彼，彼是此），因此五蕴皆空，十八界皆空，一切法皆空。

所以，执着、分别和偏见都是没有意义的，追逐或逃避任何东西也是没有意义的。

第二，万物无常。

没有永恒。事物的状态永远处于变化之中。我们感知到的所有的相（事物现在的状态）都必将消失，而且此时此刻正在消失的过程中。

第三，万物互依互缘。

万事万物，你中有我，我中有你，你会变成我，我会变成你，处于随时随地相互转换的过程中。

人体内的每一个细胞都蕴藏着天地万物，而且更可跨越过去、现在和未来。世界的盛衰成败，众生所经历的生生世世、生生死死全都只是现象，而非实相，就如亿万朵浪花不停地在海面起伏，浪花有生有灭，但是大海本身是不生不灭的。只要浪花明白它们其实是海水，它们便可同样不再惧怕生灭，而获得内心的平静和安稳。

第四，万法无相。

相，只是人为设定的概念，描述的只是一瞬间的感受，不可能表现出过去、现在、未来、内在以及关联，所以必然是不对的，或者说是不全面的。依照相做决策当然是错误的，依此而形成喜怒哀乐更是无明的。

相非实相，实相非相。事物的本质并不是我们看到的表象。我们看到的只是六根感受到的冰山一角，如同盲人摸象罢了，不是全部，所以亦称如梦如幻。

陷入"存在"与"不存在"的任何一边都不是正见。生与死都只是心识意念，所以一切法都无生死，一切法都是非空非满、非成非坏、非垢非净。观照万法的空性，我们才可以超越所有分别的意念，而体证万物的真性。

当人不能领悟万法是互依互缘的、空无自性的、无常的，就会认为世法是个别独立存在的现象，彼此各不相关、独立存以及会永存。这样观看世法，就如同用分别心把真相切割

精进有道

成碎片，形成了存在、不存在、生、死、一、多、起、灭、来、去、垢、净、增、减等概念，这些概念其实都是心智的概念，不是实相的真相。

只有超越思想意识的分别，理解一切法都是无相的，才能破除所有有关存在、不存在、生、死等念头，才能免除痛苦，获得解脱。

爱因斯坦老年对佛学极其敬畏，因为他发现，物理学和佛学的世界观非常相似：物质不灭，能量守恒，万物处于永恒的运动之中，万物的力场都在相互作用与反作用。

基于这样的世界观，正向的价值观应该是：不杀、不盗、不淫、不妄语、不饮酒五戒，以及其他二百多戒。

正向的人生观应该是：解脱痛苦要靠自己，自己解脱了还要普度众生，帮助他们解脱。

生老病死是苦，贪、嗔、痴也是苦，贪、嗔、痴的根源在于妄见，即无明。对世间实相的错误见解，例如认为非恒常的是恒常，无自性的有其自性，亦称为无明。

解脱之道就是深入看清事物的真相，体会万法的无常、无自性和互因互缘的关系。

众生因为不明白他们实与万物同体，而陷入生老病死、贪嗔痴等各种苦恼。如果把心静定下来，看清楚事物的真相，我们便可以了解一切，理解一切。例如了解每个人的处境都是他的肉体精神和社会状况的结晶，明白了这一点，即使面对极残忍的人，也不愿意去伤害，只会希望尽力帮助他，改善他的肉体精神和社会状况。

真正了解一切，会令我们产生慈悲与爱心，进而带来正确的行为。

活在当下，在当下的每一刻，去直接体验生命，洞察自身内外正在发生的一切；身心都投进此时此处，每一分每一小时都活在专注觉察之中，心念永远只投入目前这一刻。

人的痛苦，除了生老病死，基本上都是自找的。一朵花再美丽，也必将凋谢，而且此时就正在凋谢的过程中。所以把自己的快乐寄托在对花此时此刻的美丽的占有上，就是自找痛苦。

痛苦源于人因无明而起的各种欲望：渴望永恒，渴望拥有，不论是财富、美貌还是其他。

真正的快乐，源于自在。

3. 我思故我在

2017 年 11 月，我经历了人生第一次全麻，说实话，在开始之前还真有些恐惧。

我是一个很自信的人，向来对于自己能够掌控的事情充满信心，对于方向盘不在自己手里的事情会有一丝隐隐的恐惧感。

作为一个文科生，不论是需要写多少文字还是处理多少问题，我向来都是信心满满，因为那是我自己可以掌控的事情，大不了熬个通宵或者呼唤一下自己的超能力。但是如果让我去写代码、编程序，我就会有些惶恐，因为那是我自己的能力掌控不了的事情。

玩户外，徒步、自驾再难，我也会信心十足。至于智力游戏，更是永远信心满满。但对于潜水等我无法掌控的状况，就会有所恐惧。

全麻这件事，一想到自己将会在一段时间内失去意识，无法自己做判断、做决策，更无法掌控自己的身体，就感到一种莫名的恐惧。

全麻前，我心里一直在想，失去意识之时，我让自己脑海里留下来的最后思绪应该是什么呢？因为这可能意味着如果我不再醒来，跟随我进入另一个世界的是什么意识。

理论上我有三个选择：1. 像正常情况一样，思考现阶段最重视的工作事务；2. 默念我知道的那些佛经；3. 让大脑进入空明状态，心无所住。

麻醉是先从口腔麻醉开始的，喝下药物后，一边照着医生的要求做，一边在想那三个选择到底应该是哪个。

忽然听到有人在喊我的名字。原来一个多小时已经过去了，麻醉已经结束，检查也已经结束。

时间真是一个很奇妙的东西，这一个多小时，就这样从我的生命中流走了，因为我处于全麻状态，所以无知无感，感觉中的记忆只是一刹那，而且没有快乐、没有痛苦，只是一种空明、一种平和。

我想，这是否就是佛家所说的"心无所住"，是一种平和的存在呢？

因为我们有意识，所以时间存在。如果我们没有意识，时间也许就不存在。一个小时、十个小时、一百个小时，和一刹那根本没有区别。只有在有意识的状态下，才能感受到悲欢离合，也才有喜怒哀乐，时间也才有它的意义。

人生，就是如何度过生命中的全部时间吧。

理论上讲有三种方法。第一种是让自己处于无意识状态，这样的话，时间就是一刹那的事，没有任何感觉时间就过去了。这种状态很像动物的生活，它们只有物质，没有精神和灵魂，因为对于它们而言，日子就是一种，然后重复一辈子。

第二种是让自己活在当下，去经历和感受现实中的悲欢离合、爱恨情仇，去体会现实中的喜怒哀乐，用这些填满你的时间，这样的一生是波澜壮阔、丰富多彩的。

第三种是让自己生活在别处，虽然在现实生活中要经历许多事情，但是可以让自己的心一直处于现实之外，处于自己的想象和控制之中。就像吸食某些药物的人，他们的感觉和现实无关，现实身处陋室，感受飘飘欲仙。

时间真是非常神奇的东西。没有意识，时间就没有意义；有意识，时间才有意义。而意识如何，有的人不能自我掌控，有的人能自我掌控。不能自我掌控意识的人处于"苦海"，能自我掌控意识的，应该就是佛所说的脱离"苦海"的境界吧。

对他们而言，快乐在于自己的感受，自己的感受在于自己对快乐的定义，因为参透了万事万物以及生老病死的真相，所以一直活在当下，体验当下，享受当下。

4. 物质之外，还有精神和灵魂

冈仁波齐被多个教派认定为世界中心，是一个神奇的地方。2014 年是藏历马年，也是十二年一次的冈仁波齐转山最神圣的时间，我用了两天，徒步 60 公里，完成了冈仁波齐转山，沿路看到很多藏民在磕长头转山。冈仁波齐地处阿里地区，平均海拔高度 4 600 米以上，要翻越的垭口更是海拔近 6 000 米，徒步转山已然挑战体能极限，更何况磕长头。

影片《冈仁波齐》讲述了一个藏族老者在兄弟的葬礼上，想到兄弟还没有完成朝圣的心愿就去世了，自己不希望重蹈覆辙，于是侄子提出带他去拉萨和冈仁波齐完成心愿。一些村里人听说后，也报名同往，于是大家用自己有限的财力置办行囊上路了。

一部片子看下来，除了西藏风光，印象最深的就是虔诚地磕长头以及在朝圣路上遇到的种种困难，漫天风雪之中 11 个单薄的身影沿着崇山峻岭中的道路趴下、磕头、站起。

男人、女人、小女孩，趴下、磕头、站起，他们高高举起的双手更像是在与上天沟通。

人的生活有三种状态：物质的生活状态、精神的生活状态以及灵魂的生活状态。物质的生活状态就是吃喝拉撒睡，这是我们每个人必须去面对的，但绝对不应该是我们生活的全部。

如果这是生活的全部，我们与动物何异？动物就是饿了吃、困了睡，在寻找食物的时候弱肉强食。若我们的生活也只是停留在吃喝拉撒睡层面，那就与动物无异。虽然生活在人间道，其实已然沦落成动物。

人与动物的差别在于物质生活之外还有精神生活，对美的追求、对理想的追求、对感情的追求，这是人之所以异于动物的地方。但人最高的境界是对灵魂世界的追求，包括对信仰的追求，以及探求宇宙奥妙、人生真谛的心。我们会思考我们是谁，我们从哪里来，要向哪里去。生活在精神和灵魂层面的人是最幸福的。

《冈仁波齐》这部电影向我们展示的就是一群有灵魂生活追求的人。他们有他们的信仰，他们要为他们的信仰虔诚地付出。数千公里的朝圣之路，用磕长头的形式一步一步磕过去。虽然路上遇到了车祸、遇到了山体滑坡、遇到了生孩子、遇到了弹尽粮绝，但遇到的任何困难都不能阻止他们朝圣的决心和对灵魂生活追求的决心。尤其是发生车祸后，因为拖拉机被撞坏了，只能靠朝圣队伍中的男人们用人力来拉车，他们每拉一段车会把车停下来，自己再走回去把这段拉车的路重新磕头走过。这是何等深刻的执着，何等的锲而不舍。虽然是漫漫长路，看似不可能的任务，在他们执着的追求之下，完成了！

很多人可能会问这艰辛的磕长头朝圣之路，他们的目的何在呢？朝圣本身就是目的，朝圣过程中，朝圣者经历了什么、体验到什么以及感悟到什么，本身就是他们生活的目的以及意义。

2

认知是非：
先问是非，
再论成败

　　我最喜欢的一个观点是，先问是非，再论成败。这个世界之所以有希望，是因为有是非。一个没有是非的社会是悲哀的，尤其是社会精英、意见领袖、知识分子以及媒体这些社会的良心，如果这些人也没有是非观念，社会是没有希望的。

　　胡适说过，一个肮脏的地方，如果人人讲规则而不是谈道德，最终会变成一个有人味儿的正常地方，道德自然会逐渐回归；一个干净的地方，如果人人都不讲规则却大谈道德、谈高尚，天天没事儿就谈道德规范，人人大公无私，最终这个地方会堕落成一个伪君子遍布的肮脏地方。

人生在世，我们能够做的，就是建立起自己的是非观念，信守自己的价值观。人之所以异于动物，就是因为人有价值观。

能够坚守正的价值观的都是英雄，不管你是一国之君还是升斗小民。所谓英雄，就是有所为有所不为。所谓枭雄，就是"宁教我负天下人，休教天下人负我"。所以英雄大多是悲剧性的，但是英雄的人生荡气回肠，千古传诵。否则即便富有天下，但寝食难安、夜不能寐，又有何意义？

1. 最难能可贵的，是担当

担当是特别难能可贵的一个品质。越是艰难的时候越需要担当。任何时候，如果有人担当，这个世界就不会太坏；如果没有人敢担当，这个世界就会无可救药。

一个社会，大众如果混淆黑白、是非不分，是很可悲的。但最可悲的是，这个社会上的精英阶层也开始是非颠倒，不分青红皂白，这样的社会是没有希望的。

也许确实有些时候，大家集体处于一个不清醒的状态，但是群体之中的精英和意见领袖必须尽早清醒起来，担起使命和责任。

令人欣慰的是，在历史长河里我们北大人一直都没有不清醒过，一直都冲在担当的最前线。

担当，首先是使命感。

我在北大念书的时候，我们喊过一句口号"民族者，我们的民族，我们不想谁想；国家者，我们的国家，我们不做谁做"。这就是一种深深的使命感。

这种使命感大到着眼于民族和国家，郭永怀、邓稼先他们都是在国家的层面上考虑应该做什么，认为自己责无旁贷要担当；中到可以着眼于自己所在的组织；小到可以着眼于家庭和个人，有使命感，有担当。

担当，也是责任感。

一个人应该做决定时，敢不敢做决定？有没有能力做决定？敢不敢负责？很多时候使命感和责任感是合而为一的。敢担当、敢负责，个人的发展才会好，你所在的组织发展也才会好，对国家和民族，也才有推动作用。

北大光华管理学院大楼前面有一块巨石，上面写了两个大字"敢当"，讲的是同样的意思。

北大的神奇在于，两个高中同学，一个上北大、一个上清华，大学四年之后，两个人会有很大的差别。在北大校园待了四年的那个人，身上往往多了一些情怀、理想、见识以及担当，至少是对这些的向往。

如何担当呢？

一般而言，分三种情况。

第一种情况，你是主导者。

权力在你手里，事情由你来操盘，由你来决策。这时候，担当就是要有使命感和责任感，敢于坚持道德底线。

第二种情况，你是执行者。

你没有能力改变事情的走向，又必须执行命令。这时候，担当就是心中有是非观，有把枪口抬高一寸的良知和勇气。

第三种情况，你是在场者。

既不主导，也不执行，你只是一个观众。这时候担当就是心中有是非观念，首先不助纣为虐，其次消极怠工，最后如果有机会的话，为坏人制造些障碍，为好人提供些帮助。

我们不能强求每个人都是完人，都去担当国家和民族的使命和责任，但是如果我们每个人都力所能及地去担当，这个世界一定会更好。

北大历史上走出了非常多敢于担当的人，对历史起到了非常大的正向影响，同时也给我们留下了敢于担当这个特别宝贵的财富，一直潜移默化地影响着所有跟北大沾边的人，让我们身上都带了一丝丝的情怀和担当，这应该是北大未来会越来越好的希望所在，也是这个社会未来会越来越好的希望所在。

2. 富养你的良知

看过一个小故事，东西德对立的时候，东德人想尽各种各样的办法逃往西德，于是东德政府建起了柏林墙，但依然有很多东德人铤而走险。东德政府命令士兵向越界的人开枪，很多越界者死于士兵的枪下。

两德统一后，法院审判那些开枪的士兵，有士兵辩解说他们只是在执行上级的命令，军人以服从命令为天职。但法官最后依然判决他们有罪，理由是执行命令是你的职责，但是把枪口抬高一寸是你的良知。作为一名士兵，你要执行命令，向越界的人开枪，但是如果你有良知，应该知道这个命令是错的，你可以把枪口抬高一寸，让自己打不准。

良知是这个世界上最宝贵的东西。好莱坞大片的标准模式是地位很高的坏人作恶，最后体系内总有那么一两个小人物，因为自己的良知站出来，揭露事实真相，还世界一个公道。

人若失去了良知，就和动物无异了。按佛教的说法，就沦入了畜生道、魔鬼道。一个社会若没有良知，这个社会是没有希望的。最悲哀的，不是这个社会存在黑暗，而是这个社会没有良知；最悲哀的，不是这个世界上存在谎言，而是所谓的社会精英也在重复着谎言，甚至为谎言旁征博引、引经据典进行背书。

英雄和枭雄最大的区别是，英雄是有所为有所不为，为了坚持道德底线和原则可以放弃金钱、地位甚至自己的生命；枭雄是为达目的不择手段，宁教我负天下人，休教天下人负我。从这个意义上来讲，每个人都可以成为英雄，只要你坚守自己的道德底线，有所为有所不为。这也是好莱坞电影永恒的主题，那些有良知的人、那些坚守道德底线的人，最终还世界一个公平，留给世界希望。

时运不济的时候，英雄会遭受巨大的伤害甚至失去生命，但依然会受后世尊敬和神往。枭雄，纵然可以得逞一时，但必然是孤家寡人，为后世所唾弃。

早晨起来，朋友圈里面一篇文章《资本的道德底线》刷屏了，谈到有人去抄底某个正饱受诟病公司的股票，其中甚至不乏某些大名鼎鼎的基金。作者很反对这样做，认为资本市场的道德底线是，有些钱能赚，有些钱不能赚，"我能接受黑社会与文明社会的共存，但必须泾渭分明，黑社会就该永远待在阴暗的角落里，如同鼹鼠一样生存。人类社会的资源是有限的，我无法接受文明社会以我们的资源和阳光，去为他们输血、去为他们洗白、去为他们背书——这是我不能接受的"。我非常赞同。

可悲的是，中国社会一直有一种成王败寇的思维，做成了没有人会关注他的手段是否正当，相反所有人都会想去和他称兄道弟，以认识他为荣，并希望沾一点儿光、分一杯羹。

这是不对的。必须先论是非再论成败，若事情不对，或者事情对但方法不对，违背了道德底线，即便获得了再多的名和利，也不能称为成功。一个社会若没有这样的良知，这个社会是没有希望的。

我们不能乞求每一个社会成员都具备这样的良知，但是作为社会精英，有责任和义务自己坚守良知，并引导社会大众坚守良知。尤其是媒体和公知，不仅仅是社会精英，更是社会的良心，应该要求自己有更高的道德底线。

我是一个很有礼貌、很在乎对方感受的人，但印象中有两次我在饭桌上确实失礼了，都是因为同桌有我认为有重大道德缺陷的人，虽然不至于拂袖而去，但我坚持不与对方寒暄、不与对方喝酒，因为我的良知不允许我和触犯我道德底线的人称兄道弟。

如果我们每个人都能坚守良知，这个世界就会更好；如果每个人都放弃良知，这个世界就没有希望。如果多一个人坚守良知，这个世界就多一分希望。这也是所有好莱坞大片给人类以信心和希望之所在：在世界陷于危难之时，总有某个不起眼的人挺身而出，拯救地球；当黑暗已经笼罩整个社会时，总有某个小人物不畏强权去找出真相，让真相大白于天下。

我喜欢那句话：你有肆无忌惮践踏道德底线的自由，上天也有惩罚你的自由。

3. 真君子和伪小人

金庸的《笑傲江湖》其实写的是君子和小人之间的故事，把各种真君子、伪君子、真小人、伪小人的嘴脸刻画得栩栩如生。岳不群、左冷禅之流的伪君子，为了一己私欲，以"仁义正统"为名，鼓动"名门正派"围攻"魔教"，一时间天下所谓的"豪杰"群起响应，残杀魔教教众，手段之卑劣、行径之恶劣为人所不齿，堪称一场以"君子"之名导演的闹剧，搅起了一场江湖中的血雨腥风。而向问天、曲洋、田伯光这些被称为"魔头"的，其实是伪小人，虽然言语乖张且时有惊世骇俗之举，但其行为本质却颇有行侠仗义之意。

相比之下，这些伪小人比那些伪君子强过一万倍。

君子、小人，古往今来有多重定义。若以言行正邪区分，世人可以分为四种：言正行正，真君子；言正行不正，伪君子；言不正行不正，真小人；言不正行正，伪小人。

真君子乃世之瑰宝，多多益善。中国古代士大夫的最高理想"修身齐家治国平天下"，"立德、立功、立言"，就是真君子的写照。真君子是世人之福，多一些，这个世界会更好。尤其是乱世之中，若多一些真君子，即便不能惩恶，亦可以扬善，即便不能扬善，亦不至于助纣为虐。时代之幸事也。

伪君子最可恨，危害亦最大。他们有君子之名，专行小人之事。因其君子之名而为世人所信任，故其行小人之事时，往往更难为人识破，甚至会混淆视听，吸引诸多追随者。

真小人可恨，但并不是最可怕的，因为日久见人心，时间长了，如果大家都知其是小人，要么远之，要么严加防备，所以很难有大的危害。

伪小人比较有趣，很多时候其实比真君子还可亲。他们行正但言不正，往往玩世不恭，心中有正义但又不屑于伪君子的假道学，所以故意表现得处处与"君子"之言不同。

伪小人和真君子的区别在于如何对待礼法。古时礼法头等重要，凡不符合礼法者即是离经叛道，自然不可能是君子，必然会被归为小人。在礼法之下，小龙女既然教杨过武功，就不可以做他的妻子，所以杨过和小龙女成了与所谓的"正人君子"势不两立的小人。

伪小人是一种生存状态，他们不装也鄙视装，表面上故意一副玩世不恭的样子，甚至故意把自己往坏里装饰，但是内心善良，行事坚守自己的价值观。他们其实不坏，与世界无害甚至有益，与人相处也轻松融洽。

真君子亦是一种生存状态，自己严谨，别人压力也大，若喜欢道德绑架，严于律己的同时也严以待人，那身边的人可就有的受了。他们适合挂在墙上，供人瞻仰膜拜。

伪君子最可恨，好话说尽，只要他们张口，天下的道理都在他们家，他们做的一切都是为了天下苍生的最高利益，但一做起事来，他们只为自己考虑，为达目的不择手段。

人生一世，归根结底，是三观问题，我们如何看待这个世界，如何看待是非，准备如何度过此生，决定了我们所有的选择和做法。

理论上，每个人都可以选择有所为、有所不为。但无论如何，伪君子和真小人绝对不能做。

做真君子有点累，不妨做个小事不拘礼法、大事坚守原则的伪小人吧。

3

认知人生：
明明白白过一生

　　每个人从一出生，就进入了一个死亡倒计时，有的人是 60 年，有的人是 100 年，有的人是 120 年。相同的是，我们都将离去，而离去时什么也带不走。

　　认知人生，就是要想清楚你准备如何度过这一生，明明白白地过一生。

1. 人生最大的悲哀是有眼不识泰山

人的成功源于两点：发现机会和把握机会。

发现机会，让我们去做想做的事；把握机会，让我们把想做的事情做成。成功路上这两者缺一不可。

发现机会和把握机会，一方面取决于自己，一方面取决于贵人相助。

尽早想清楚自己的三观，想清楚自己如何看待这个世界、如何看待是非以及想如何度过今生，才能发现机会，发现了机会才有可能把握机会。

所谓贵人，就是那些能够让我们的人生上台阶、上境界的人，至少是能帮助我们解决重大问题的人。

人生最大的幸运是有贵人相助，最大的悲哀是遇到贵人却不知道，有机会相处却没有主动去认识和结纳，与贵人失之交臂。

人世间的事就是这样，相遇了而没有认识，认识了而没有同行，同行了而没有相处，相处了而没有深度相处，还不如未曾相遇，因为若未曾相遇，未来相遇时还有走近的可能，相遇而不相处，就已经注定了彼此的距离很遥远。

俗话说：一起扛过枪，一起下过乡，一起同过窗，一起分过赃，是"四大铁"。但并非所有有过这些共同经历的人都是"铁哥们儿"，关键是在这些共同经历当中彼此是如何相处的，战友之中亦有亲疏，同学之中也分远近。

人生最大的悲哀是泰山就在你身边，你却有眼不识泰山，与你的贵人失之交臂。更可悲的是因为不识泰山，在泰山面前恣意妄为，使得泰山本来可能对你的相助变成了不相助。

那么，如何才能避免有眼不识泰山呢？

首先要有识人之明，能够判断出周边的人是谁，能够识别出那些会对你有影响的人。对于那些注定会与我们的未来相交的"强者"，即便不求"沾光"，也要避免让他们对我们的未来施加"负面影响"。

识人之明的前提是自知之明，一个把自己看得比天还高的人必然目中无人，一个把自己看得极其卑微的人也很难有勇气去直面比自己强大很多的人。只有能够正确看待自己，才能够正确看待周边的人，才能发现自己生命中的那些贵人，才能不卑不亢地与他们交往。

人生需要贵人。我们不企盼遇到贵人后天上掉馅儿饼，但也绝不能有眼不识泰山，让改变命运的机会与自己擦肩而过。

2. 谁也没有权力干预你的人生，即便是父母

正如参禅者需要一个引子一样，小时候，金庸的武侠小说我看过很多遍，不是看武功招式而是看故事，因为我认为武侠小说因为故事中的人物有武功，作者可以把矛盾冲突写得更加激烈，更能展现人性和人生，是最好的参悟、观想的引子。

从金庸小说的那些恩怨情仇中我体会到了"侠之大者，为国为民""大丈夫有所为有所不为""兄弟如手足""问世间情为何物，直教人生死相许"等信念。从高阳的小说中我体会到了"世事洞明皆学问，人情练达即文章"等哲理。

人生三层境界：经历，体验，感悟。我们经历过的事有多少，这是人生的广度；从这些经历中我们体验到了多少，这是人生的宽度；从这些体验之中我们感悟到了什么，这是人生的深度。经历、体验和感悟，也就是我们的物质生活、精神生活和灵魂生活。

电视剧《欢乐颂 2》给我的突出感悟是，为什么那么多的父母都在干涉孩子的爱情和婚姻呢？

"我们认为这些真理是不言而喻的：人人生而平等，造物者赋予他们若干不可剥夺的权利，其中包括生命权、自由权和追求幸福的权利。"《独立宣言》如是高呼。自从有了人类社会，就一直有一个争论：到底是应该为了更好的生活放弃一些自己的权利呢，还是应该为了捍卫自己的权利放弃可能更

好的生活呢?

　　我在初中时就有一个清晰的认知,父母虽然给了我们生命,但并没有权利决定我们的一辈子应该怎么去过,尤其是父母不能把他们这辈子没有实现的理想强加在我们身上,让我们替他们去实现。所以我从小到大都认为,我自己的事情应该自己来选,父母无权替我选择。不管是当年的学文学理,还是报考什么样的学校、选择什么样的专业,以及毕业之后是回老家工作、留在北京工作,还是出国,我都是自己拿主意。所以我一直过的是自己想过的生活,然而我身边的其他人并不全是如此。高中分文理科时,那个年代的说法是"学好数理化,走遍天下都不怕",认为只有那些学习不好的孩子才会去学文科。我的同学中有好几个非常适合学文科,因为父母反对,他们选择了不擅长的理科,结果成绩不佳,不但大大打击了他们的自信心,也使得他们无法去上他们喜欢的学校,最终事业发展也不尽如人意。

　　很多父母干涉孩子的事业选择。当然干涉孩子感情的例子更多,几乎是各种小说和戏剧的经典题材。这也是我非常不理解的。为什么自己的感情会由父母决定呢?我认为出现这种情况,责任一小部分在父母。父母应该自律,不要去干涉孩子的生活和选择。但大部分的责任还是在于孩子自身,是你自己选择了逆来顺受,是你自己选择了听从,没有去抗争。如果你自己旗帜鲜明地去抗争,如果你明确告诉父母希望自己决定自己的生活，我相信父母对你的干涉会减少很多，至少父母对你的影响力会大大减少。我有一个朋友，四十多岁了，还是喜欢什么都和父母讲，甚至对某个下属的看法也要和父母倾诉。在这种情况下，自己的生活被父母干涉几乎是必然的。这绝对是不明智的，因为任何人都不可能代替你生活。

古往今来，父母所有的干涉都是以爱的名义，打着不放心、爱你的旗号干涉你的生活，这是非常迷惑人的理由，看似有理实则无理。

我历来旗帜鲜明地认为父母虽然生了我们，但是并不因此就有权干涉和左右我们的生活，而且我认为父母之所以能够干涉我们的生活，都是我们潜意识里自愿的，至少是被我们纵容的。如果我们清醒地认知到"我命由我不由天"，就一定可以自己把握自己的命运，选择自己喜欢的生活方式，至少不能让父母左右自己的一生。

3. 让我们成功的是方位，而不是方向

真正能让我们成功的是方位，而不是方向。成功，是一件非常难的事情，容不得一点偏差，更容不得一点弄虚作假。

表面上，方向和方位看似差不多。方向是大概的方位，方位是精准的方向；方向是一个面，方位是一个点。但二者有着本质的区别，能够让我们到达目的地的是方位，而不是方向。

大多数的失败，并不是不知道方向，而是没有找到方位。多数情况下，失败者都是一直在"成功方位"的周围绕圈圈，"为伊消得人憔悴"，最终直到资源耗尽也没有发现近在咫尺的"成功方位"。

每个人都知道香山在北京城的西北部，但是要想到达香山，仅仅知道香山在北京城的西北方向是不够的，还必须知道，香山在东经多少度、北纬多少度这个方位。

我们经常说方向很重要，这是对的，没有方向不可能成功，但有了方向不等于成功，我们必须在方向中找到成功的方位。

实际上完全不知道方向的情况并不多见，大多数情况下人们都是知道方向但不知道方位，正确的方位和错误的方位之间的差异非常小，可以说是毫厘之差，但结果谬以千里。

失败者往往误以为方向对了就可以成功，所以一直在成功的方位周围绕圈圈，一直在似是而非间徘徊挣扎。

　　而成功者，非常清楚让自己成功的是方位，而不是方向，专注于在方向之中寻找成功的方位。

精进有道

4

认知万事万物：
透过现象看本质

人生最重要的，是认知事物的真相，不论世界、是非、人生还是万事万物。

实相非相，我们看见的表面现象不是事物的本质，透过现象看到本质才是真本事。

我的习惯是，一件事情，如果没有自上而下将其原理、逻辑想清楚，我不会做出任何决策，因为我不知道应该如何决策，以及什么样的决策符合更高一级的目标。

建立起对万事万物的认知，是认知体系的重要组成部分。

1. 抓不住机会，是因为没有见识

　　有机会才可能成功。能否抓住机会取决于两点，首先要识别机会，其次要有能力抓住机会。而能否识别机会，又取决于我们的见识。

　　人缺乏见识并不是最可怕的，只要知道自己缺乏见识，对不懂的事物保持敬畏之心，坚定地追随自己认同的、比自己强的人，也能有一个不错的结局。最悲惨的是，自己缺乏见识，却自以为是。

　　汉字真是博大精深，每个词都含义深刻。就"见识"而言，先要"见"，还要"识"，不"见"自然不"识"，看见是认识的前提，但是看见之后能否认识呢？不一定，很多人是见而不识，所以人生中最重要的事就是不断提高我们的认知能力。

　　这也是我认为孩子教育中最重要的东西。父母能够给予孩子成长的帮助，除了要求孩子按部就班地学习之外，更重要的是帮助孩子从小扩展他们的视野，让他们接触到更多的事物，形成他们自己的认知体系，认知世界、认知价值、认知人生、认知万事万物。

　　创始人的见识是企业发展的天花板，创始人必须有意识地不断提高自己的见识，为企业的发展拓展空间。

　　如何扩展"见"呢？

　　读万卷书、行万里路，这是最有效的方法。不论民国时期还是改革开放初期，第一批富起来的人都是那些留洋回来的，或者去过京城、省城的人。他们去了未必学到了什么，但是见到了很多"西洋景"，知道了很多家乡人不知道的事情，这些都是新的发展机会，只要把其中百分之一二引进家乡，就是家乡人闻所未闻、见所未见的创新事物，他们也就发展起来了，这就是"见"的重要性。

"见"了之后如何加强"识"呢？

所谓"识时务者为俊杰"，最高段位的"识"是想清楚到底是选择自己做领头大哥，还是死心塌地地追随一个领头大哥，二选一，能够做出正确选择的，最有"见识"。

归根结底，成功有两条路径，一条是靠能力，一条是靠忠诚。一个人如果想成功，最重要的是要想清楚自己应该走哪一条路，并且坚持到底。

如果你是领军之才，应该选择自己奋斗；如果你不是领军之才，最好的选择是找一个有领军之才的人追随到底。追随的核心是忠诚到底，不管遇到何种情况都不离不弃，否则，就不是忠诚。

很多人之所以失败，是因为选择了错误的发展路径。没有领军之才却没有选择追随，或者选择了追随但选错了"老大"，或者选对了"老大"但没有忠诚到底。

其实每个人都有很多追随机会。回想一下，你曾经的同学以及曾经的同事或者朋友之中，发展得最好的那个人是谁？你当年为什么没有选择追随他？如果你当年坚定地追随他，今天会如何？

　　每一个成功人士周围都有几个一直追随他的老同学、老同事，大家一荣俱荣。他在成功的同时让追随他的人也达到了自己梦想不曾企及的高度。追随者和被追随者，选择的都是最正确的发展路径。

　　当然，这是单纯从职业角度来看。每个人对人生的理解都不同，所以不在这两条路径之中选择也无可厚非。但如果要追求一般意义上的成功，最高段位的见识就是搞清楚到底是自己做"老大"，还是追随一个"老大"忠诚到底。

2. 超越常识的，都是骗局

现在确实骗子很多，有人说是因为末法时代道德沦丧、人心不古，有人认为是疏于惩治，犯罪成本太低。

其实骗子自有人类以来便已有之，只是年代不同，骗子不同而已，只要人性中存在无知和贪婪，骗子便不会消失。

骗子其实很好识别，那些开口新概念闭口大趋势的，凡是那些每天都在四处混圈子夸夸其谈的，以及某些局部已经被验证是作假的，基本上都是骗子。

为什么骗子群发的短信水平那么糙，显得智商那么低？比如，"我是××的私生子，继承了几百亿元，需要你出点寻找费，回头分钱给你""发现了××藏的价值几百亿元的黄金"。这些正常人一眼就看得出是骗局，为什么骗子会发出来？为什么不编个高明一些的故事？

有人分析过，骗子的做法其实是最佳选择，就是要群发这么低智能的故事，去筛掉那些有一点理智的。如果这么低智能的故事还会相信，对方一定是足够贪婪并且足够低智能，集中精力对付他们一定是成功率最高的，也是性价比最高的。这就是所谓的被收智商税，你自己无知又贪婪，上当受骗怨不得别人。

如果想避免上当受骗，核心是战胜自己的无知和贪婪。战胜无知和贪婪，核心是相信常识和逻辑。

所谓常识，就是那些不证自明的东西，例如：

1. 超越常识就是骗局。 水往低处流，日夜交替，人是铁饭是钢，1+1=2，一天有 24 个小时等，如果有人说能做出超越这些常识的事，不论如何雄辩或者以小概率事件来解释，都是骗子。丁是丁，卯是卯，水是水，油是油，如果有人说可以水变油，直接判定为骗子即可。

2. 凡事皆有成本，天下没有免费的午餐。 凡是有价值的东西一定需要付出劳动，一定有成本，羊毛出在猪身上狗来买单的故事，多半是骗局。

3. 有因才有果，不合逻辑必有问题。 种瓜得瓜、种豆得豆，春华秋实，如果有人说种瓜可以得豆，直接判定为骗子即可。

所有的上当受骗，都是无知和贪婪的结果。因为无知，相信了不合逻辑和超越常识的事情；因为贪婪，想不劳而获，想拿到不属于自己的东西，贪图便宜。

遵循逻辑，相信常识，是战胜自己的无知和贪心的唯一办法，也是避免上当受骗的唯一办法。

3. 创业的本质就是做买卖

何为创业？书上有书上的说法，民间有民间的说法，旁观者有旁观者的说法，参与者有参与者的说法。我的说法是两个："创业是一种生活方式"，以及"创业就是做买卖"。

前者是情怀，后者是本质。

从情怀角度看，创业是一种生活方式，不"高贵"也不"低贱"，你可以选择也可以不选择，完全在于你是否喜欢。

30年前"创业"被称为"下海"、"创业者"被称为"个体户"时，我不认为创业就"低人一等"；前两年"创业"被冠以"英雄""壮举"时，我也没有觉得创业就"高人一等"。创业只是一种生活方式而已。

当然，这种生活方式比较特别，这是一种更加紧张激烈的生活方式，它会让你的爱恨情仇都更加激化，会让你的悲欢离合更易发生。创业一年，你经历的悲欢离合、爱恨情仇，可能比不创业的五年里经历的都要多，所以没有一颗坚强的"小心脏"，还是不要创业为好。

从本质上看，创业就是"做买卖"，包装得再高大上的创业也得"做出一个有人愿意买的产品"，并且"找到方法把产品源源不断地卖出去"。

如果能够做出每个人都愿意买的产品，那就是一家伟大的公司；如果能做出一部分人愿意买的产品，那就是一家健康的公司；如果只能做出极个别人愿意买的产品，那就是一家可以活着的小店。

可惜很多创业者不懂这个基本道理，尤其是近年 VC（风投）、PE（私募股权投资）盛行之后，更是推波助澜，让很多创业者天天沉醉于对新概念、新潮流、新趋势的追逐之中，忽视了创业就是做买卖这一本质。

在创业的路上，做出有人愿意买的产品还不够，这只是第一步，还需要"找到方法把产品源源不断地卖出去"。尤其是在发达的市场经济环境之下，产品很多，类似的产品很多，好的产品、对的产品也不是自然就可以卖出去，所谓"酒香也怕巷子深"。

不要想当然地认为只要产品好就会畅销。现实生活中，市场上很多畅销的产品都不是最好的，而是"最会销售"的。当然，在都"会销售"的情况下，最畅销的应该是性价比最高的那一款产品。

"做买卖"是所有创业者在初期要解决的核心问题，就如同战役中的关键一战。

古往今来，所有战争的胜利都不是因为打赢了很多战役，而是因为打赢了关键战役。楚汉相争，刘邦百战百败，项羽百战百胜，但关键战役"垓下之战"，刘邦赢了，所以天下是刘邦的。

创业，做买卖是关键战役，打不赢这一仗，创业不可能成功。

4. 如何判断一家公司是好是坏？

如何判断一家公司是好是坏？从哲学意义角度看，答案非常清晰：活着的公司价值大，死去的公司价值为零。

按照周伯通的说法，只要他一直活下去，等黄老邪、欧阳锋等人都死了，他自然就成了武功天下第一。金融危机中雷曼兄弟倒了，贝尔斯登倒了，美林证券倒了，剩下的自然都成了赢家。

的确，对于公司经营者而言，让公司活下去是第一位的。可惜很多创业者不懂这个基本的道理，每每沉醉于公司自己的梦想以及宏图大业，忘记了关注现金流等对公司活下去至关重要的东西。

对于活着的公司，我们该如何衡量其好坏和价值大小呢？

见仁见智，方法很多。有人喜欢从宏观角度衡量，例如"风口""趋势""技术""模式"等；也有人喜欢从微观角度衡量，关注诸如"流量""转化率""财务预测"等，所以有"市销率""市梦率"等一系列新"名词"。

公司的经营和管理是一门科学。既然是科学，就有规律可循。我认为衡量公司好坏有三把科学的"尺子"，每一把都是硬邦邦的，容不得一点虚假。

第一把尺子是"利润"，这是衡量公司好坏的最硬尺度。赚钱的公司一定是好公司，赚大钱的一定是大好的公司，不赚钱的可能不是好公司。

很多创业者往往避谈利润，开口闭口"模式性感""符合趋势"，或者宣称"赚钱不是问题，我们不赚钱是因为我们现在不想赚钱，我们现在在为公司未来赚大钱做准备"，我认为那恰恰说明他们没有能力获取利润，甚至不知道如何才能获取利润。在我看来，模式和趋势固然重要，但那些都是为获取利润服务的，再好的模式、再好的概念，如果最终不能获取利润，就是毫无价值的，这是由公司的定义决定的。公司就是通过提供产品和服务获取利润的组织，利润当然应该是衡量公司好坏的第一硬尺子。

有利润的公司价值大，利润越高的公司，价值越大。如果有人告诉你一家公司今年赢利两亿，明年 4 亿，后年 8 亿，你的问题一定不是"该不该投资"，而是"估值高不高"，因为你很清楚，这家公司有价值，而且价值很大。

如果一家公司还没有赢利，我们需要判断它未来有没有可能赢利以及规模如何，就可以试试第二把尺子，即收入。收入越高的公司价值越大，收入增长速度越快的公司价值越大。

公司的每一分收入都是用户付出的，如果很多用户愿意给你钱，说明有人需要你提供的产品和服务，即使公司现在不赚钱，未来也一定有赚钱的那一天。

但是在用收入这把尺子的时候一定要注意，收入必须是有规模的。一家虽然不赚钱，但今年收入 5 亿、明年收入 10 亿的公司一定有价值，一家不赚钱，今年收入 500 万、明年收入 1 000 万的公司不一定有价值。道理很简单，既然公司已经选择放弃利润而追求收入，若还不能追求到可观数量级的收入，那就说明要么市场有问题，要么产品有问题。

如果一家公司利润和收入都没有，那只能试试第三把尺子：黏性用户规模，这是衡量公司好坏的第三把硬尺子。

用户规模大的公司是好公司，用户规模增长快且有黏性的公司是好公司。能够获得海量规模用户，至少说明你的产品和服务有人需要，但是一定要关注用户黏性，没有黏性的用户是没有价值的，也必须关注用户规模是否"海量"。"海量"的标准是你的用户占所有潜在用户的比例。放弃了利润，放弃了收入，如果还不能让应该使用的用户中的绝大多数使用并且高频使用，如何显示出产品和服务有价值？

创业的本质就是"做出有人愿意买的产品"并且"找到方法把产品源源不断地卖出去"。"利润""收入""黏性用户规模"这三把尺子就是在衡量公司是否做到了这两点。

这三把尺子是递进关系，符合第一把尺子的企业一定是有价值的，不符合第一把尺子的，再看第二把、第三把是否符合。三把尺子之下都不过关，基本上可以认定为没有价值。

世界上的事就是如此，越简单，越趋近本质。我们与其听创业者大谈行业趋势、市场潜力、技术领先，不如直接拿起这三把尺子称一称公司的斤两，一目了然。

第四章

修行
决策能力

决策能力，即选择能力，面对多种可能性时如何选择的能力。

提升自己的决策能力，才能走向成功。

决策能力源于决策模型，决策模型的三个维度是三观、认知以及心态。

什么样的决策模型，带来什么样的决策：

三观，是一切决策的底层逻辑；

对要决策事物的认知，甚至万事万物的认知，都直接影响决策结果；

心态，包括欲望、情绪以及情怀，会对决策产生重大影响。

所有对的决策都是以终为始，而且向上兼容，即每一个决策都以实现目标为决策方向，同时要配合更上一层的目标甚至顶层终极目标。

1

构建决策模型

　　有人统计过，人每天要做出 47 000 多个决策。当然，大部分的决策都是肉体本能的反应，重大决策才会经过思考和决策的过程。但不管是直觉决策还是理性分析决策，背后起作用的都是你的决策模型。

　　直觉并不是天外飞仙，本质上也是大脑里可能你自己都没有意识到的决策模型一瞬间计算所有因素和权重得出的结果。当然，很多时候直觉考虑到的因素以及使用的决策模型的高明程度远超出我们自己的感知。所以我一直认为，直觉是上天对创业者的耳语。

　　一个没有决策模型的人是无所适从的。如果每一个决策都是随机的，必然杂乱无章，不但无法保证决策正确，更无法保证所有的决策都服务于更高一级的目标甚至终极目标。一个有明确决策模型的人，每一次的决策都是向着自己想要的终极结果，以及自己想要活成的样子而去的，效果当然最好。

每个人都应该建立自己的决策模型。科学的决策模型，可以让我们最大限度地做出我们想要的决策，以及正确的决策。

一个好的决策，应该基于自己的三观来做。不管执行结果如何，至少我们做的选择是遵循自己的内心、符合自己的意愿的。反之，即便达成了目标，也不一定快乐，因为结果可能与自己的三观不符。

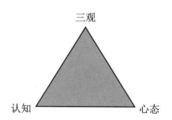

决策模型，即决策时会考虑到的所有因素及其权重。

好的决策模型，应该包括三观、认知以及心态三个维度。具体到某个决策，决策模型中的"三观"维度，权重可能会变，但是里面的内容不会变。"认知"维度和"心态"维度权重会变，内容也会变，内容上会细化出很多子维度，整体维度的权重会被分解到子维度上。

这就是为什么同样的问题，同样的决策模型，但每个人的决策会不同，甚至同一个人在不同的时点上做出的决策也会不同。

好的决策是三观、认知以及心态之间的一个平衡。

决策的最低境界是合天道，符合客观规律；决策的最高境界是天人合一，在客观规律下充分兼顾自己的愿望，随心所欲、自得其乐。

1. 直觉判断，小心求证

作为领军人物，核心的工作就是做决策，最苦恼的工作也是做决策。想象一下每时每刻都需要做决策的那种纠结，想象一下经常差一点被某人影响做出错误决策的那种后怕。面对权力，也许有人感觉到的是"风光"，但我相信大多数人感觉到的是"责任"和"压力"。

做决策是领军人物的核心工作之一。小领导做小决策，大领导做大决策，不做决策或者朝令夕改危害更大。

做决策，每个人有每个人的方法。我的方法是：直觉判断，小心求证。不论大小决策，我都是靠直觉做出判断，然后花一周、两周甚至一两个月去分析、推演、求证这个判断，最后再做决策。

直觉是非常强大的一种能力，尤其是对于领军人物而言，直觉是上天赐予我们的礼物。我的经验是，要敢于相信自己的直觉。历史上，凡是我做出与自己直觉相反决策的，从结果上看没有一次是对的；凡是我做出与自己直觉一致决策的，基本上都对了。

所以，我的原则是，不做与自己直觉相反的决策。如果小心求证后的结果是要推翻自己的直觉，我宁愿退出，也不会做与自己的直觉相反的决策。

在小心求证时"突然"发现另外一个似乎更好的方向，在认真推演时"突然"发现一种似乎更好的方法，这是最恐怖的。我常常想，如果没有这个"突然"，我们是不是已经做出了错误的决策呢？

如果每一个决策影响到的是成千上万的人以及数以亿计资金的得失，那对任何决策者而言，做决策都是战战兢兢的责任和沉甸甸的压力。

对领军人物而言，最重要的是，如何才能做出正确的决策，如何才能避免做出错误的决策。

柳传志先生曾经说过，听所有人意见，和少数人商量，一个人做决策。我非常认同。我认为在做决策时，人海战术是没有用的，领军人物最重要的就是不能用集体思考来代替自己的思考，不能用集体决策来放弃自己的决策责任。

决策，领军人物责无旁贷。

在长期的实践中，我发现以下三点有助于领军人物更好地做决策。

第一，时间。事缓则圆，越是大的决策越要放缓，不能急，更不能被对方牵着走。对方急于让你做出某个决策，只能说明该决策对对方有利，你在做决策之前更应该想清楚对己方的意义和价值。

第二，常识。要相信常识。不要相信天上会掉馅儿饼，不要相信有一本万利的生意，不要相信有无风险的套利，不要相信有毫不利己专门利人的交易对手，不要贪心，不要贪便宜。

不合逻辑必有问题，超越常识就是骗局。把握好逻辑和常识，可以规避大部分错误决策。

第三，推演。决策之难在于需要事先做出，一旦可以事后做决策，我相信"傻瓜"也不会犯错误。所以，在决策时要多推演，尽可能预知未来，仔细推演一下，决策一旦做出，相关的方方面面会有什么动作？一个月后情况会怎样？六个月后、一年以后情况会怎么样？这个"沙盘推演"的过程会帮助我们尽可能地预知未来，让我们知道现在应该做出什么样的决策。

当然，很多科学的工具，例如 SWOT 分析，对于做出正确决策也是非常有用的。但最关键的是：相信直觉判断，然后用逻辑和常识认真推演、小心求证，最终做出决策。

2. 人生的选择，关键的就几步

自托尔斯泰写出那句著名的"幸福的家庭都是相似的，不幸的家庭各有各的不幸"开始，到底是"成功的人都是相似的，失败的人各有各的不幸"，还是"失败的人都是相似的，成功的人各有各的不同"，就成了永远没有答案的公案。人们各执一词，谁也说服不了谁。

其实答案很简单，两个都对，或者准确地说，是成功的人都是相似的，失败的人也都是相似的。关键在于是否掌握了成功的关键，掌握了且照着做了，成功就是大概率事件；没有掌握，或者掌握了但没有照着做，失败就是大概率事件。

自然是一门科学，社会也是一门科学，既然是科学，就有规律可循。虽然按照规律行动不等于必然成功，但是不按照规律行动必然失败。

1991年，我刚刚踏入社会时，身份是一家民营企业的临时工。30年前的民营企业都很弱小，社会地位也低，基本上被称为"个体户"、"倒爷"。我进入的是一家名不见经传的小型民营企业，身份还是临时工。所谓临时工，就是工资是别人的80%，没有编制，逢年过节发福利时别人拿一只鸡，你拿半只鸡。但是仅仅用了三年，我就成为所在子公司的总经理和核心股东。

其核心原因，我认为有偶然，但更有必然。

　　人生最重要的就是两件事，想清楚和坚持住。想清楚自己想过一种什么样的生活，并且坚持住，向着那个方向去，既不要被路边的野花诱惑迷失了方向，也要坚持逢山开路、遇水搭桥，持续向着目标前进。人生的路，最关键的就几步，想清楚就不会选择错误。而且，想清楚得越早越好，坚持得越持久越好。

　　我的人生经历大体就是这个理念的一次完美诠释，或者说我是从我自己的经历之中，总结出来了这个理念。

　　早在初中时代，我就清晰地想清楚了"我命由我不由天"，告诉自己要自信、自主、自强，还要有一点点自嘲，坚持不接受任何的命运摆布。

　　高中时代，我基本上确立了自己的世界观、价值观和人生观，并且在大一大二时进一步明确和坚定。

　　大学时代，我就一直坚定地依照自己的三观做选择。即便是在前所未有之大变局的时代，因为有清晰和坚定的三观，我最大限度活成了自己想要的样子，活成了回想起来自己不会后悔、不会瞧不起自己的样子。

　　毕业之前，我想得非常清楚，自己要去企业，而不是进入体制内或者出国，并且分析出，企业不应按照外企、国企、民企或者待遇高低划分，而是应该分为企业有前途个人没前途、企业有前途个人有前途、企业没前途个人有前途、企业没前途个人没前途四种，并且在没有机会做出最佳选择的情况下，

精进有道

选择了一个次佳选择——一家企业没有前途但个人有前途的公司。

进入社会之初，我想清楚了三个问题。一，你怎么对待工作，工作就会怎么对待你，你把工作的事当作自己的事，工作才会把你当自己人。二，做一个价值取向多元化的人，而不是执着于某个具体的追求，如果很多事情都是你感兴趣的，让自己快乐就是大概率事件。三，能帮人时一定要帮，如果把自己的朋友都帮成了万元户，自己一定不会是一个乞丐。

最核心的是，我在开始工作的第一天，就是以创业心态在工作，即便自己只是一个最低级别的临时工而已。因为我知道，如果有创业心态，即便只是一个临时工，也是创业者；如果没有创业心态，即便拥有100%的股份，也是打工仔。

所谓创业心态，核心是三点：主人心态、竭尽全力和结果导向。首先是认为自己是主人，是最高负责人，不推卸责任，并且不仰仗任何人，一切靠自己；其次是永远竭尽全力，包括自己的全力、自己能够动员的全部资源以及竭尽全力去求援；最后是把达成结果当作终极目标，只讲功劳、不讲苦劳，因为没有结果就等于没做。

一个年轻人，不管什么起点，如果能在年轻时就像赢家一样思考和行动，一定会成为人生的赢家。我相信应该没有比我当年更低的起点：父母是普通人，自己没有北京户口、没有编制、没有住房，在北京举目无亲，开始工作时只是一个效益很差的民企的临时工。

如果这样都可以成功，没有人不可以成功。

坦然接受不能改变的，努力改变能够改变的，我们就会越来越接近我们的目标，成功就是大概率事件。如果一味抱怨不能改变的，不去改变能够改变的，失败就是大概率事件。

3. 如果可能，尽可能上一所好学校

如果有可能，尽可能上一所好学校，这对一生至关重要。

1987 年，我以吉林省文科第四名的成绩考入北京大学国民经济管理专业。这还是有点难度的，因为那一年北京大学在吉林省文科一共招 26 人，经济管理系作为那个年代最热门的系，全国招 40 人，其中吉林省只招两个人，而我们班就报考了 3 人。

我高中的母校东北师大附中，是当年一起编辑《作文通讯》的全国 13 所中学之一，是吉林省最好的中学。前几年更有报道说被国际上评为"中国排名第四"的中学，我能有今天的一点点成绩，得益于母校良多。

我是 1984 年开始读高中，那个年代东北师大附中已经开始开展素质教育了，高一就给我们开设了选修课。我之所以打字速度很快并且熟练掌握英文打字指法，以及有一个不错的口才，就是源于高中时的选修课。

我在东北师大附中度过了难忘的三年。在那里，我初步形成了自己的世界观、价值观和人生观，并且一直未改变。

那时候我们也重视高考，因为这是在中国改变自己命运的最大机会。尤其是作为平民的孩子若想出人头地，高考几乎是唯一的机会，也算是不公平中的公平吧。我的父母都是家里的第一代大学生，他们借此从农村走到了省城。我也是因

为高考，得以从省城走到了首都。

　　不过那时候我们重视高考是从高三开学才开始，不像现在的学生，恨不得进入高中的那一天就开始了高考准备倒计时，甚至某些中学已经把自己变成了高考训练集中营，从高一开始就以军事化的管理来训练如何应试。我认为这是非常错误的。针对性的训练固然重要，但那必须是在既有素质基础上的拔高，若不求素质只求应试，即便考试成绩好又如何？进入了更好的大学也还是存在大的人格缺失。而且，素质教育其实与应试教育不矛盾，素质提高了，考试成绩也会提高。

　　我们同学之间的感情非常好。高三下学期，外地转来我们班一个学生，几次摸底考试下来就冲到了班级前列。也许是感受到了我有压力，几个要好的同学纷纷给我写纸条，鼓励我，让我相信自己的实力，祝我取得好成绩。现在回想起来，还能深刻地感受到当时的感动，这真的是非常难得的情谊。本来高考是千军万马过独木桥的事，同班同学可能是更直接的竞争对手，但是大家彼此之间却又如此相互祝福、相互鼓励、相互支持。那些纸条我至今还留着，每次看都非常温暖。

　　我们班那个才子佳人小圈子中有一个女孩，才华横溢，散文和诗歌写得如同天外飞仙，超凡脱俗，但是理科不太好，所以我们都很担心她考大学的问题。我们就和班主任商量让她跟我同桌，以便我随时可以帮助她。记得高考那年的元旦，好朋友给我的贺卡上写的是：你是我最亲密的战友，你是我最可怕的敌手，你是我最可亲的兄长，你是我最默契的朋友，希望有一天，你我，能够手拉手，对人生做最后的谢幕。

好的同学之间就是这样的情谊，不但是好同学、好朋友，还是相互支持、一起奋斗的有为青年。

每年报考大学的时候，都有朋友问我同样的成绩是应该报考好一点的学校、差一点的专业，还是差一点的学校、好一点的专业。我认为当然要毫不犹豫地报更好的学校，专业无所谓。

不同的学校意味着你有不同的同学、不同的学习氛围，而这些对你一生的影响是非常巨大的。与专业之间的差别相比，学校环境的差别更大。在报考之前就考虑哪一个专业好找工作，一入大学就为毕业时如何找工作做准备，这是一种非常短视、无意义的行为。

大学教育对我们非常重要，我们一定要在大学里形成自己的三观，把自己的素养提上去，这是我们一辈子生活和工作的基础。

当然另外一个方面，大学四年也是我们人生最美好的四年，一定要好好享受这四年的时光，该恋爱就恋爱，该郊游就郊游，该读书就读书，该纵情放歌就纵情放歌。若在这样美好的时光里放弃所有美好的当下，而去为未来找一个工作做准备，那是最得不偿失的。

我考北大，是受 1984 级一个学姐的启蒙。学姐叫甘琦，是东北师大附中的传奇人物。初中时期儿童节时即在公园给几千人做演讲。学姐的父母和我父母都是一个单位的。我上高中时，学姐已经考入北大，并且代表北大出征在新加坡举行的亚洲大专辩论赛，获得了好成绩。寒暑假每次学姐回家，我都会找她请教。学姐给了我一个概念：中国只有两所大学，一所是北大，一所是其他大学。每次学姐都会给我讲很多北大的故事：社团、讲座、充满才气的青年教师们、未名湖石舫上的吉他、诗歌和啤酒，以及那些让我听起来惊世骇俗的思想观点。

那个年代，正是改革开放初期，最热门的专业是经济管理，北大国民经济管理系是全国最难考的系。我决心报考，很幸运，我考上了。在北大虽然只有短短四年，但是对我人生产生了极其深远的影响。我今天生活中的玩伴、事业上的合伙人、商业上的合作伙伴、思想上的朋友，几乎都是各年级各系的北大同学。

高中三年最重要的一件事情就是准备好高考，因为这将决定你这一生的生活层次和工作层次。虽然我反对应试教育，虽然有些残酷，但是没办法，这就是现实。

4. 罗马人的决策模型

两千多年前，罗马以区区几十万公民，只用了百余年的时间，就把地中海变成了自己的内湖，统治了当时已知世界的一半，堪称奇迹。

罗马人的成功，完全是战略决策的成功，罗马人的决策核心有以下三点。

第一，兼容并包、为我所用。罗马人特别善于汲取别人的长处，虽然他们智力不如希腊人，体力不如高卢人，技术不如埃特鲁利亚人，经济不如迦太基人，但罗马人非常善于用人所长，让一切有价值的"为我所用"。罗马人的包容性是空前绝后的，对被击败的对手礼遇有加只是小儿科，请对手的首领进入元老院也是家常便饭，推举被击败的敌国首领担任罗马皇帝都不止一次，真正是"内举不避亲，外举不避仇"。罗马人的这种包容，不断让曾经的敌人成为"罗马人的朋友"。不过有意思的是，与东方君主"普天之下，莫非王土；率土之滨，莫非王臣"的追求不同，罗马人并不愿意让"朋友"成为"罗马公民"，罗马人希望的是他们成为"罗马同盟"、行省或者最多是意大利人。

第二，寻求影响力，而非占领。罗马通过罗马公民、意大利本土、行省、罗马盟国等多种方式统治世界，罗马人一直不愿意扩大罗马本土以及公民的范围，过了很久才不情愿地给意大利人以罗马公民待遇，而且就到此为止了，后来基本上没有再扩大范围。在罗马帝国看来，他们竭力要避免的是把土地变成需要自己直接治理的，最好是不需要自己直接治理而又与自己友好相处的。如果一个地区能够自己治理好，有自己的国王，那最好，只要你承认是"罗马盟国"，我们就和平相处；如果一个区域没有一个能够治理好自己的国王，没有办法，罗马帝国只好来帮忙，将其设置为行省，帝国帮助这个地区来承担防务和内务，但要缴纳收入的 10% 作为税赋。如果作为行省也治理不好，那看看能否做"皇帝领地"，实在不行就像意大利一样，只好纳入罗马公民范围了。

这是一种非常"聪明"的治理方式，追求的是影响力，而非占领，追求的是势力范围，而非大一统，用最小的投入获得最大的势力范围，同时，最大限度地调动每一个子系统的主观能动性。

第三，统一文化，促进协同。在势力范围之内，有一些事情是罗马人一定要求做的，首先是执行《罗马法》，其次是修建统一的道路和浴场等公共设施。这些措施，保证了罗马帝国的影响力，以及统治领域之内的协同和繁荣。

兼容并包、为我所用，寻求影响力而非占领，以及统一文化、促进协同这三大战略，是我看到的生态链上顶级角色最高明的战略。

有意思的是，今日美国对待世界的做法，其实和罗马人几乎完全一样。

这三大战略，同样是企业帝国最高明的战略。

我在拉卡拉提出的共生系统战略：每个子系统都独立发展，各自以长成参天大树为目标；母系统通过"五个统一"为各个子系统提供发展所需的土壤、养分，让每个子系统不用平地起高楼；鼓励各个子系统之间相互合作，但不强迫。

是不是"英雄"所见"略同"？

2

正三观

　　人的一生过得怎么样，归根结底都是由三观决定的。建立三观是人生最重要的事情，没有之一，应该在少年时期就开始萌芽和成型。遗憾的是，我们现在的教育体制把太多的注意力放到了应试上，对于三观的培养太缺乏重视。

　　一个正的三观，不但能够让人成为一个正能量的人，也会让人成为一个快乐的人。一个三观不正的人，即便最终获得了想要的名和利，内心也会是不安的。

1. 把所有的慷慨，留给现在

　　很多人的绝大部分时间都是活在"过去"和"未来"，而非"现在"，时间都给了对"过去"的感受以及对"未来"的想法，没有给"现在"，这是很多人不快乐的原因。

　　对"过去"的感受，一定是不满意占大多数，当然肯定也有快乐。"人生不如意，十常居八九"，所以过去带给人的感受，可能大部分是不快乐的，加之有些人有"进取"之心，即便"过去"结果不错，也还是"这山望着那山高"，更让对"过去"的不满意成为常态。

　　对"未来"的想法也是让很多人不开心的原因，极端的如"杞人忧天"，常态的如各种宏大的愿望、特别具化的目标等，都会让人时刻处于挑战之中，患得患失，自然不快乐。

　　对"过去"的感受和对"未来"的想法都与"现在"的日子无关，却主导了我们的"现在"，让我们"现在"不快乐。

　　活在当下，就是关注现在，而非过去或者未来；关注体验，而非结果；关注过程，而非终点。

　　人生本质上是一场自己的修行，身份、地位以及所作所为，都是自己修行的道具而已，就如同在玩一局《第二人生》游戏，这一局你为自己选择的身份是医生还是军人？选择的年份是 1980 年还是 2010 年？选择的国家是中国还是美国？选择不同，你的生活会完全不同，你遇到的事也会完全不同，但如果修行到位，玩哪一局游戏都可以很快乐。

不要认为在《第二人生》游戏中你可以自主选择，而在现实中不可以自主选择，这是一种误解。实际上，现实生活与《第二人生》游戏一样有些可以选择，有些不能选择，只不过很多人或者被世俗环境干扰，或者自己浑浑噩噩放弃了选择而已。

人生的事虽然有对错之分，例如善恶，但善恶之外，大多数事情没有对错之分，只有每个人选择不选择、喜欢不喜欢、适合不适合之分。

四季轮回、草长莺飞都是自然规律。我们应该顺应自然规律，而非与之对抗。如果春天担忧秋之将至、秋天担心冬之寒冷、冬天缅怀夏之温暖，你将永远生活在忧郁之中，永无快乐可言。正确的姿势是春天欣赏春天的花开，秋天陶醉秋天的叶落，乐在其中。

2. 快乐由己不由人

我喜欢旅行，每次旅行回来经常被问"好玩吗"。其实这是一个很难回答的问题，因为答案取决于好玩的标准，标准不同，感受不同。我之甘露，汝之砒霜。同样一个地方，同样一个人，若以景色优美为标准，可能好玩，若以热闹为标准，可能不好玩，如何回答？

我能回答的是我的感受，但我的感受其实对你而言参考价值有限。

人生是同样的道理，三观不同，对生活的感受也不同。

人生目标可以有很多维度，"快乐"应该是人生修行的终极目标。当然人都是社会人，不大可能追求独自一人隐居在深山老林的快乐。对绝大多数人而言，要解决的问题是如何在现有社会道德、法制之下，在不太妨碍别人的快乐之下，让自己快乐地生活。

快乐是一种生活状态，是一种自我的感受，快乐在于自己对快乐的定义。

如果以"感受"作为快乐的定义，若认为甜是快乐、酸是痛苦，遇到甜就会很快乐，遇到酸就会很痛苦，在拥有甜时担心失去甜，那拥有甜时也变得不那么快乐了。若认为酸甜苦辣都是快乐，那遇到酸甜苦辣都会很快乐。

如果以"结果"作为快乐的定义，就会"得"是快乐、

"失"是不快乐，并且"患得患失"，大部分情况下都不会快乐。

如果洞察了世界以及人生的真相，清楚世界就是无常、因果转换、你中有我我中有你的，清楚人生就是一个奔向离去的过程，就会把体验本身设定为快乐的标准。

如果以"体验"作为快乐的定义，就会"得固可喜，失亦欣然"，永远有一颗快乐的心。

所以，快乐的方法完全在于自己。首先要自得其乐，明白快乐是自己的感觉，只有自己才能让自己快乐起来；其次是乐在其中，正确地理解快乐，把快乐定义为体验而非结果；最后是知足常乐，让自己活在当下，体验当下的快乐，不要让自己生活在过去的"受"和未来的"想"之中，更不要让现在的生活被过去的"受"和未来的"想"干扰。

3. 你活成什么样，是由三观决定的

如何看待这个世界？对和错的标准是什么？以及要如何度过自己的一生？不要小看这三个问题，也不要以为你已经完全懂了这三个问题，这是决定我们一生是否快乐的根本问题。

每个人活成什么样都是由其三观决定的，例如我认为人生是一种体验，以及应该温暖他人成就自己。正是这个人生观决定了我每把一个企业带到稳定的高度就会交给合伙人，然后自己再去创办一个跨界的全新企业，成为连续创业者。

如果你的三观清晰明确，你人生中每一个决定就都会正确无比，至少是适合你的和你想要的，你就会活成自己想要的样子。如果你的三观不清晰、不明确，你的每个决定就会是随机的、杂乱无章的甚至是相互矛盾的。

虽然三观是每个人自己的选择，别人无权指指点点，但还是存在普世价值和普世答案。

例如，如何看待这个世界？有的人认为这个世界就是弱肉强食，也有人认为这个世界非黑即白。坦白地讲，这些看法都不够正确，会直接影响你的价值观，进而影响你的人生观。

世界观，要遵循逻辑和常识。

这个世界本质上是有逻辑和常识的，不合逻辑必有问题，超越常识就是骗局。

所谓常识，简单讲就是水往低处流，天上不会掉馅儿饼，等等；深刻讲就是世界是无常的，随时处于变化之中，万事万物是你中有我我中有你的。所谓逻辑，就是有因才有果，有因必有果，无因不会有果。

价值观，要遵循人性。

温良恭俭让，同情心、同理心，都应该是我们遵循的，必须先论是非再论成败，必须有"枪口抬高一寸的良知"，这应该是普世、正确的价值观。

人生观，怎么都能过一辈子，怎么都是一辈子。但我们这一次来到这个娑婆世界，还是应该尽可能活成自己想要的样子，以及让世界因为我们的存在变得更好一点。

4. 做一只走出山谷的猴子

从前有一群猴子，生活在一个山谷中，一代又一代，在山谷里出生、玩耍、死去。没有猴子问为什么，每天所有的猴子就是饿了吃，困了睡，一天又一天，一年又一年。

终于有一只不安分的猴子开始质疑为什么要如此，开始一次次尝试走出山谷，一次比一次走得远。

为了走得更远，它开始锻炼身体，想方设法学习，学会了七十二般变化，找到了如意金箍棒，终于走出山谷，发现外面的世界很精彩，有大千世界，更有天堂和瑶池，于是开始了轰轰烈烈的传奇，并带着越来越多的猴子走出山谷，过上新生活。

如果不敢想，不敢去做，孙悟空也许永远是花果山上一只顽皮的猴子。

所有的不敢越雷池一步，都是我们心中的"雷池"，绝大多数的故步自封，都是"自封"的，打破常规，仅仅取决于我们自己。

我曾经写给孩子三个期望：To be a nice one（做个好人），Just do it（放手去做），和 So what？（那又怎样？）人生苦短，我们当然应该去做自己想做的事，活出自己的活法，而不是被很多说不清道不明的常规惯例一辈子束缚在小山谷里。

我们无法选择出生在哪个时代以及哪个山谷，但是可以选择一辈子困在出生的山谷还是努力走出去。

虽然有些东西不可以选择，但是可以选择的东西更多，问题在于你自己想不想选择，敢不敢选择。

每个人都可以有梦想，都应该有梦想。做一只有梦想的猴子，勇敢地走出去，外面的世界很精彩。

不要说自己不是孙悟空。走出去，你就是下一个孙悟空。当然，想要走出去，必须学会七十二变，找到你的金箍棒。

我们不能扩展生命的长度，但是可以扩展生命的宽度。实际上，当我们扩展了生命的宽度之后，我们生命的长度也随之扩展了。

3

平常心

心态，包括欲望、情绪和情怀。

心态，很大程度上会影响我们的决策。同样一个事，同样一个人，心态不同时会做出不同的选择。

平常心是做出正确选择的基础，强者都有一颗平常心。

这一点在德州扑克桌上最明显。同样一个人，在开局之初以及之中或者尾声时，心态会不同；在水上还是水下（德州扑克术语，指处于赢着的状态还是输着的状态），心态会不同；刚刚赢了一副牌还是刚刚被人BB（德州扑克术语，指对方打法错误但赢了）了，心态会不同；在不同位置时，心态会不同，当然牌桌之外的事情也会影响他的心态。心态会导致牌手同样状况下做出不同的选择，和技术无关。所以德州扑克有一句名言，一个心态乱了的人是不可能赢的。

做决策时，必须克服心态的影响，比较明显影响决策的心态有以下三个。

其一，欲望。俗话说，有容乃大，无欲则刚。对于某些事物，极其强烈地想要或者不想要都是一种执念，会让人做出违背规律以及违背自己决策模型的选择。

其二，情绪。生活中很多事情都会影响心情，例如家庭关系、同事关系、上一件事情顺利不顺利、对标对象对自己的态度等。同样一个事情，心情好的时候和不好的时候会做出截然相反的决策。

其三，情怀。人是社会人和经济人，通常情况下，会基于现在的、物质的、自己的因素做出选择，但是对于情怀的追求，即对于未来的而非现在的、精神的而非物质的、他人的而非自己的东西的追求与不追求，程度如何，也会影响人的决策。

我们所见的任何事物都不是独立的，而且表象并非本质，即便是本质，也不是与你有关的全部，即便是全部，也不是永恒的，而是一直处在变化之中的。

所谓平常心，就是基于这个世界的真实面目平衡自己的欲望、情绪以及情怀之后的心态。

1. 不要让自己成为欲望的奴隶

动物只有三个欲望：活着，饿了吃，困了睡。除此之外，别无欲望，就连发情，也是一年一次或几次，算不上欲望。

与动物相比，人类的欲望实在太多了。人类连发情都是随时随地的，因此也成了欲望。除了动物的欲望，人类还有物质的、精神的、灵魂的欲望，用马斯洛先生的观点，人类有五层心理需求，这些都是欲望。

俗话说，人为财死，鸟为食亡。人和动物都是欲望的奴隶，每一个欲望，就是一道符咒，驱使着你拼命去追求，欲罢不能。

因为欲望太多，所以人的苦难也是最多的，欲望达不到是苦，达到了担心失去是苦，失去了更是苦，无穷无尽。

如何解脱呢？古往今来，各门各派，各有高招，有劝修来世的，有劝修今生的，有劝入世的，有劝出世的。

各家高见，我没有系统研读过，从我有限所知看，我最认同佛教的理念。

如何解脱，如何快乐，很大程度上取决于你对快乐的看法。追根溯源，是你对世界、对是非以及对自己一生的看法，俗称"三观"。"三观"正见，你是快乐的；"三观"拧巴，你是痛苦的。

我们要做的不是放弃欲望，我们要做的是以下两件事。

第一，看淡欲望。不要对欲望过于执着，不要认为得到了是天、得不到是世界末日，应该超脱些，随缘，相信一切都是最好的安排。欲望被满足很好，不被满足亦无不可。这是基于这个世界的本来面目，必须有对欲望的正确认知。

第二，欲望多元化。让自己的价值取向多元化，把酸甜苦辣都当成有滋有味，把赤橙黄绿青蓝紫都当成美妙的色彩。欲望多元化，就不会执念，不执念，就会轻松很多；欲望多元化，被满足的概率就大很多，快乐的机会就多很多。

这是一种活在当下的理念，把生命当作一个过程，体验当下，并且将每一种体验都当作欲望的满足，欣然享受。

如此，我们便不再是欲望的奴隶，而欲望将是我们生活的意义和快乐的源泉。

2. 名利是情怀的副产品

我一直坚信，人必须要有情怀，这也是人之所以异于动物，甚至异于芸芸众生的地方。

世界分为三个境界：兽性、人性和神性。兽性，饿了吃、饱了睡、弱肉强食；人性，是仓廪实而知礼节，还是饱暖思淫欲，是天下熙熙皆为利来、天下攘攘皆为利往，还是大丈夫有所为有所不为，都在一念之间；神性，脱离了"低级趣味"，有情怀，有使命感。

对有些人而言，情怀是奢侈品；对有些人而言，情怀是必需品。如果对你而言，情怀是必需品，那恭喜你，你的人生足够精彩；如果对你而言，情怀是奢侈品，那你需要反思了，你选择的人生路可能有问题。

如果所有人都为了买房买车，为了找更好的工作，或者为了升职而烦恼，那这个世界是没有希望的。

学过经济学的都知道，钱是衡量价值的一种工具，是我们事业做成之后的一个结果。很难想象，一家公司的总裁会比一个普通员工收入低，也很难想象一个业绩好的人会比业绩差的人收入低。所以，情怀是因，名利是果。世俗的很多东西，其实只是我们追求情怀的一个副产品而已。

人生就是我们经历过、体验过、感悟过。人之所以异于动物，就是因为人在物质生活之外，还有精神生活和灵魂生活。

　　取法其上，得乎其中。若以追求情怀作为自己的人生目标，五年或十年以后，你一定是同辈之中发展得好的那一个。即便在追求情怀的路上，没有完全得到你想得到的东西，追求的过程，已然丰富多彩。

4

最好的决策是
天人合一

天人合一，即做出的选择符合自己的愿望，也符合客观规律，在接受不能改变的、改变能够改变的基础上，最大限度地追求自己的理想。

也就是稻盛和夫说的敬天爱人。

天之道，损有余而补不足；人之道，损不足而奉有余。

日出而作、日落而息是天道，一亩地两头牛、老婆孩子热炕头的选择是天人合一；春秋交替是天道，追求春华秋实是天人合一；穷则独善其身，达则兼济天下，也是天人合一。

这个世界不会因为任何人的喜好而改变，春天过后是夏天，夏天过后是秋天，秋天过后是冬天，不管你喜不喜欢，古往今来都是如此。即便你再喜欢春天，不喜欢夏天，春天也必然会过去，夏天也必然会到来。这就是这个世界的本质，也是不可改变的现实，所以你只能调整自己的想法，让自己承认春夏秋冬的变化。接受这种变化，并且适应这种变化，你才能够快乐和幸福，否则，你就是自己跟自己过不去，跟快乐过不去。

1. 穷则独善其身，达则兼济天下

1987 年到 1991 年，我在北大度过了四年的学习时光。现在回想起来，这四年几乎是我这辈子最快乐的四年。

北大，增长了我的自信，拓展了我的见识，给了我一个校友的圈子，也给了我学习的能力。更重要的是，从北大离开时，我有了清晰的人生观、世界观和价值观。

我的人生观萌芽于高中时期，在北大清晰和坚定起来。我大女儿 14 岁生日时，我给她写了一封信，告诉她父亲无意说教如何度过你的一生，因为即便父母给了你生命，也无权决定你如何度过自己的一生，但是父亲希望告诉你，我是如何活成了自己想要的样子的。

首先 "To be a nice one"，做一个好人。这件事非常重要，也很不容易，尤其是在任何情况下都能坚持做一个好人更不容易。但这是基础，做一个好人才能心安理得，才是人生快乐之本。

其次 "Just do it"，做你想做的事。人生没有对错之分，只有你喜欢不喜欢、适合不适合，一定要按照自己的想法去过自己的生活。

最后 "So what？" 不要在乎别人怎么说，也不要在乎结果，按照自己的想法去生活。过程本身就是意义，过程本身的体验就是快乐。成也好，败也好，都不重要，别人的看法更加不重要。

人生原本的意义就在于体验。体验丰富的人生才是有宽度的人生，但更重要的是人生的深度，即情怀，那些远方的而非眼前的、未来的而非现在的、精神的而非物质的、他人的而非自己的东西，这些东西对于某些人来说可能是无用的，但是对于某些人来说是必需品。

达则兼济天下其实并不难，相信大多数人如果有机会济天下，都会去做，难的是独善其身，在任何情况下我们能不能坚持原则和底线？在我们自身遇到不公正的待遇时，是有所为有所不为，为了坚持原则可以放弃利益甚至生命，还是去妥协？旁观不公正的事时，是竭尽所能阻止还是助纣为虐？不得不做不公正的执行时，能不能把枪口抬高一寸？

北大的历史上有很多先贤，现在一代代的北大人也非常出色，大家身上或多或少有着"穷则独善其身，达则兼济天下"的家国情怀。我相信只要越来越多的人能够秉着这种家国情怀投身社会、投身生活，这个世界一定会更好。

过去如此，未来也一定会如此。

2. 在其位，谋其政

不管做什么，都应该尽自己最大的努力做到最好，做出自己的创新，做出自己的价值。

如果选择了做记者，就要做一名好记者，做出记者的价值。虽然有些东西不能写，但是决不能助纣为虐，一定不能写假的，而且只要是写的东西一定要力争写出价值。

记者曾经是我大学毕业时的第二梦想，可惜连同我的第一梦想一起失之交臂了，我对记者的理解有以下三点。

第一，要做自己的观察和发现。如果人云亦云，不用自己的眼睛去观察正在发生的事情并洞察其背后的东西，那就不是一个好记者。同样是采访，你有没有看到别人没有注意到的东西，有没有看懂，有没有透过现象看到现象背后的本质，这是记者的水平，也是记者应该比读者高明的地方。

第二，要独立思考和判断，去粗取精、去伪存真，挤掉泡沫，报道真相，而不是以讹传讹。凡事不合逻辑必有问题，超越常识就是骗局。例如那些不说投资人，不说持股比例，不说具体数字，只说融了几千万美元、几亿元人民币的新闻，但凡记者动一点点脑子做一点点功课就知道是不可能的。如果你不假思索地报道出来，就是给谎言做背书，也是一种罪恶。

第三，即便不能主持公道，也不助纣为虐。记者和媒体是社会的良心，如果不能明辨是非、主持公道，反而会成为邪恶的传声筒，那就非常可悲了。一个是非不分的社会是悲哀的，如果大家都成王败寇，如果所谓的社会精英也都只论江湖不论是非，如果记者也在其位不谋其政，这个社会是没有希望的。

　　这是我对记者这一职业的理解，虽然我没能一直坚持做下去，但是至少在我做"编辑人"的那几年，我是这样努力的。我们不人云亦云，在报道大家都看到的事情时，尽可能去发掘我们独特的视角，在观察和记录的同时尽力去透过现象看本质，希望对读者有所启迪。我们关注是非，希望惩恶扬善，时刻提醒自己不能助纣为虐，虽然我们也有经营上的考虑，但是我们一直坚守底线。

3. 领先者的责任

中国传统知识分子有一个特别优秀的理念：穷则独善其身，达则兼济天下。如果我们是普通人，就做好自己，坚持道德底线，追求自己想要的生活，不让自己成为别人的负担；如果有幸成为精英，我们的生活就不仅仅属于自己了，就要发挥自己所掌握的资源和能力去帮助别人，推动世界正向发展。

我认为这是非常正能量的一种生活态度。如果我们每个人都是这样的生活态度，这个世界将变得更好。

还记得那个柏林墙卫兵的故事吗？法官认为，虽然是一个小兵，在当时的体制下不得不执行上级开枪的命令，但是他的良知应该可以让他把枪口抬高一寸。这就是"独善其身"。不论我们多么普通，都应该有良知，并且按照良知来生活和工作。

但最重要的是，如果我们不小心成了"达人"，我们就必须"兼济天下"。丘吉尔说过，他追求的并不是权力本身，而是有了权力之后拥有的做事情的能力。

请记住，如果上天给了你财富，或者给了你某个权势位置，你就必须使用它去推动"天下"的进步，去"普度众生"，否则就是"暴殄天物"。

世界是由领先者驱动的。一个社会，如果领先者放弃了其责任，这个社会是没有希望的。

领先者有领先者的责任，领先者必须尽领先者的责任，不可以做出和普通人一样的决策，这是社会的希望所在。

如果上天给了你一个机会，你不接着，上天会生气的。

这一世，生而为什么样的人，就要承担什么样的人的责任。如果放弃自己的角色，偏要去追求所谓的另外的人生，就是暴殄天物，就是不负责任。

领先者的责任体现在以下三个方面。

第一，要做表率。作为领先者，在享受掌声和鲜花的同时，也有千万只眼睛在看着你，所以你必须做得更好，你的道德底线必须比别人高，而且还要尽可能地不断提高。有些事，别人能做，你作为精英不能做；即便别人对你不敬，你也不能"以彼之道还施彼身"。

第二，要乐于助人。人的价值是由其对周边的助力决定的，同样，如果帮助你周边的人都发展好了，你也会更好。助人，也是我们的生命价值所在，我们终将离开这个世界。离开后，我们留下的，除了我们自己创造的，就是我们曾经带给别人的助力。尤其对你而言是举手之劳，但对别人来说是雪中送炭的事，一定要做。

第三，不要误人子弟。中国文化中有一个非常不好的理念，叫"为尊者讳"。人一旦成功了就要重写历史，把穿开裆裤玩泥巴这些经历都删掉，改为天资聪慧、七步成诗。这是非常不好的。作为成功者，所有人都希望向你学习，你可以不讲，但是如果讲成功经验就一定要真实，不能文过饰非，否则会极大地误导后来者。

一个社会，需要有道德底线，需要有是非观念。如果都是不问是非、只论成败，或者只论交情、不论是非，这个社会是没有希望的。

在这些方面，领先者要担负起领先者的责任。只有这样，这个社会才可能更好。

第五章

修行
执行能力

每个领导者都喜欢人才，每个人都认为自己是人才，但显而易见，人和人之间能力差别极大，有的人符合预期，有的人低于预期，也有的人超出预期。

什么是人才？人才的标准是什么？

鹤立鸡群是理所当然的事情，否则只能说明不是鹤或者是太小的一只鹤，以至于和鸡没有什么区别。锥子放入布袋里，刺破布袋也是理所当然的事，否则只能说明锥子不够锐利。

同样，我不相信一个在 A 岗位上没有亮点、做不出业绩的人到了 B 岗位就能够大展身手，当然也必须承认存在岗位适配性问题。但原则上人才应该是在每件事情上都能展示出其与众不同的。

试想一下，如果公司董事长担任前台，会不会做得与普通前台不同？显然会。电视剧《延禧攻略》中魏璎珞刷马桶也能迅速刷出不一样来，这就是人才的特质。他们做任何事情都不会安于现状，也不会按部就班，而是时刻盯着终极目标，务求做到最好，时刻想着用更好的方法得到更好的结果。所以他们接手一件事情，短则三个月，长则六个月，一定可以做得与众不同，一个做六个月都没有亮点的人就是没有能力，再做三年也不会有亮点。

拉卡拉的人才标准是"三有"，即有态度、有素质、有结果。凡是符合这三个标准的，就是人才，不符合的，就不是人才，没有例外。

所谓有态度，就是求实、进取和激情。

所谓有素质，就是十二条令、懂管理和会经营。

所谓有结果，就是解决问题、有亮点和业绩好。

这三个标准，应该也是有没有执行能力的标准。

认知能力和决策能力，可以让我们做对的事，但是如何能把对的事做成，需要的是执行能力。执行能力是决定最终结果的临门一脚。

拉卡拉的"三有"人才模型放在任何一个人身上都是

适用的：如果你"三有"，你就是未来的领军人才；如果你部分"三有"，你就是现在的栋梁；如果你知道向着"三有"努力，你就是一个有前途的职场新人。

执行能力同样是可以修行的，按照本章给出的方法，你也可以成为一个执行能力强大的人。

只有采取了行动的认知才是真正的认知，才是知行合一。

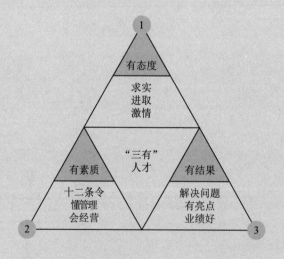

1

执行能力就是
有结果

做事情，唯有结果才有意义。在拉卡拉，我一直强调，没有结果就是没做，做了但没有结果，和没做没有任何区别。

这个理念的另外一种表达是，只讲功劳，不讲苦劳。如果没有功劳，任何苦劳都是没有意义的。赢家从来不讲借口和理由，在他们看来，借口和理由最多是失败者墓碑上的遮羞布罢了。

有结果有三个标准：解决问题、有亮点和业绩好。能不能解决问题、工作中有没有亮点以及业绩好不好，这是衡量有没有结果的三个硬指标，重要性依次加强，最大的有结果是业绩好。

1. 有结果就是解决问题

1.1　分阶段解决问题

所谓解决问题，就是我们没有因为问题而停步不前，并且最终达成了设定的目标。

如果只是解决了前进路上的一个问题，那不是解决问题。只有解决了前进路上遇到的所有问题，达到预定的目标，才是真正解决问题。

比解决问题的决心更重要的是解决问题的方法。大多数事情，有愿望和决心是没有用的，只有有实力，并且找到解决问题的方法，才能解决问题。

解决问题不能靠喊口号或者凭一腔热血。大多数人解决不了问题都不是因为意愿不足、决心不足，甚至不是能力不够，而是方法不对。

分阶段解决问题，是解决问题的最好方法。

先解决有没有，再解决好不好，之后解决贵不贵。即先解决功能问题，再解决性能问题，之后解决价格问题。

如果因为不够好或者有点贵，就放弃，那是最愚蠢的做法，因为有和没有是本质的差别。遗憾的是，现实生活中，非常多的没有解决问题的案例，原因就是这个。

如果已经可以确保有了，就要在有的基础上争取品质更好一些。如果品质也可以接受了，就要争取价格尽可能低一些。

解决问题的最高目标应该是"多快好省"，虽然这在大多数情况下都是不大现实的，但是我们的最高目标确实应该是好吃不贵。如果不能兼得，选择好吃有点贵。实在不行，选择不好吃有点贵。任何情况下，没有吃的，都是最大的失败。

当然，如果性能低到一定程度，功能就不存在了。一辆汽车如果最高时速只有 5 公里，就不能称其为汽车；一顿饭如果吃了会生病、会死人，就不是一顿饭了。

同样，如果价格贵到一定程度，功能也就不存在了。一辆汽车如果 100 万美元一辆，对很多人而言，基本上也就不能称其为代步工具了。

解决问题不是一定要靠自己的力量，当自己力不能及时，应该及时求援、竭尽全力去求援。通过求援解决问题，比没有解决问题好一百倍。

所以，是否解决问题是第一位的，是否靠自己的力量解决问题是第二位的。解决有没有是第一位的，好不好是第二位的，贵不贵是第三位的，次序不可以搞错。

需要提醒的是，解决问题的方法符合我们的价值观是大前提，大丈夫有所为有所不为，不择手段（指违背了价值观的手段）地解决问题不是我们的选择。

1.2　三段式工作法

有一个非常有效的工作方法，我称之为三段式工作法。

三段式工作法，不是分三段完成工作，而是一次性完成工作，反复完成三次。

以写作为例，一篇文章不是每次写一部分，分三次写完，而是一次写完，修改三次。

第一段，第一次完稿。要一气呵成，以写完为目标，可以"萝卜快了不洗泥"，也许素材不全，也许措辞不准确，没有关系，但是一定要写完。

第一稿写完之后，放到一边，放一段时间。这段时间该干什么干什么，不用刻意思考这个工作。但是请相信，不管有意识还是下意识，你的大脑不会停止思考。这一段放一放的时间就是给大脑一个时间，对已经完成的工作反复推敲、思考的过程。

第二段，第二次完稿。过一段时间后，把第一稿拿出来，修改也好重写也罢，再次完稿。

这是最关键的一步，也是非常神奇的一步。第二稿不论是修改还是重写，都可以很快完成，而且品质一定会比第一稿有大幅度提升，甚至有时候会脱胎换骨，"动大手术"。这就是"晾一晾"这段时间，大脑有意识无意识思考的成果。

第三段，第三次完稿。放一段时间之后，拿出来，像第二次完稿一样，第三次完稿。

如果是重大工作，或者对第三稿实在不满意，再放一段时间，然后拿起来重新修改或者写作，如此反复。

一般来讲，三段足够，特别复杂或者你希望特别精益求精的工作，用四段，最多两个三段。截止日期之前一定可以完成一个"对自己而言的最优定稿"。

三段式工作法是确保工作一定可以完成的一种工作方法。我们做任何事情都要完成与品质并重，完成是第一目标，然后才是品质。如果没有完成，品质是没有意义的。当知道还有第二段、第三段工作用来提升品质时，我们就可以放手来先"完成"，先解决有没有的问题，确保可以拿出"初稿"。

三段式工作法也是效率最高的一种工作方法。时间是最好的助手，想不清楚的时候，停一停，很多时候过一段时间自然就清楚了。前路遇阻，在原地反复，对于通过并无太大效果。反倒是放下，过一段时间再继续，可以让我们换个角度，或者上到更高的高度，或者有外力启发，很多时候问题会迎刃而解。

三段式工作法也是可以最大限度避免失误的工作方法。当我们以为自己已经想清楚时，也许我们还存在着思维盲区。停一停，过一段时间这些盲区自己会跳出来。尤其是对重大决策而言，即刻决策往往风险极大。如果我们存在思维盲区，如果我们陷入某一种情绪，都会误导我们的决策。而停一停、晾一晾,会让我们有机会重新审视决策。并且请相信你的大脑,在停一停期间，不管你是否有意识地思考，你的大脑都会对已经有了"第一稿"但尚未"定稿"的事情反复推敲、仔细权衡，而且越是重大问题，你的大脑权衡得越仔细。这些思考在你再一次拿起"第一稿"时都会涌现出来，帮助你"定稿"。

与三段式工作法对应的是一段式工作法，很多人习惯一段式工作，一路向前，遇到问题就钻进去解决问题，解决不了就停在原地反复攻关，往往一个没想清楚的事情或者一个解决不了的问题就让整个工作停滞在某个点上，最终该拿出结果时，连一个品质很差的结果都拿不出来。

我写的《创业 36 条军规》，大家评价还不错，第一年就加印 33 次，这本书就是三段式工作法的产物。

书的第一稿是 2010 年底我给黑马营第一期第一课上课时的讲话录音整理。当时，我用 36 页幻灯片写了 36 句话，讲了 4 个小时。

后来中信出版社约我写成书，我答应了，并利用每次出差在飞机上的时间分四段写成。

第一段，按照讲话录音，把 36 条军规每一条再分列出几个小标题，然后把此前自己写过的凡是与之相关的文字都粘贴上去，这就是第一次完稿，然后就将它放在一边了。

第二段，过了一段时间，把第一稿拿出来，重新梳理每一条小标题和再低一级标题，把下面已有的文字顺成书稿，写完之后再次放到一边。

第三段，一个月后，把书稿拿出来，从头到尾该改就改，该重新写就重新写，完成第三稿。

理论上，这样就行了，但因为是写书，我非常慎重，所以又过了两个星期，我再次拿出来重新顺了一遍，完成了第四稿，最终定稿。

这样做的好处是，效率非常高，而且每一遍内容都得到了升华、完善。

我相信，如果一章一章地写，一段式的写法，用时一定会更长，而且不知道会"卡"在哪里，能否最终完稿也是个问号。

写文章如此，决策也是如此。我推崇"直觉判断，小心求证"。根据直觉做出判断，然后放一放，过一段时间再决策，让时间来帮自己慢慢推敲、小心求证。必须决策时，再审视"晾一晾"这段时间的推敲是否产生了新的判断。如果没有，就决策；如果有，就暂缓决策。

"二战"时美军进攻日本本土时采取的"跳岛战术"，有异曲同工之妙。美军没有按照顺序一个一个攻占日本本土路上的岛屿，而是借助航空母舰的优势，跳过很多日军重兵守护的岛屿，让被跳过去的岛屿在战略和战术上都变得毫无用处，最终简单、高效地结束了战争。

1.3 四类事情的四类处理方法

很多年前，我读过一篇文章，说事情可以分为四类：重要且紧急、不重要但紧急、重要但不紧急、不重要也不紧急，要优先处理第一类和第二类云云。

当时我很奇怪，难道这么浅显的道理还需要拿出来讲吗？大家不都是一直这样做的吗？

后来才发现，很多人其实做法是完全相反的。他们每天一开始工作，先处理那些简单的或者自己感兴趣的工作，把难的、复杂的工作留到后面，读邮件时把重要的复杂的需要认真阅读的邮件跳过去，先处理简单的邮件。结果是，等到要处理重要工作时，要么是精力已经不是最充沛了，要么是时间已经所剩无几。最终越是重要的工作，越没有用最好的精力、最充裕的时间去处理。

当然，也有人分不清哪个事情应该属于哪一类，要么把不重要的事情当成了重要，要么把不紧急的事情当成了紧急。

紧急，比较容易理解，但是要有全局观，要尽可能放在更大的全局看是否紧急，不要眼里只有自己的事，不要认为自己的事就是天底下第一紧急的事；重要，关键不是看事情大小，而是看对结果的影响程度，凡是能够影响全局或者能影响结局的事情，不论大小都是重要的，否则都是不重要的。

依照重要和紧急程度，所有事情都可以分为四类。

第一类，重要且紧急的事情，这是第一优先要处理的。

第二类，不重要但紧急的事情，这是第二优先要处理的。要及时处理，不要拖拉，很多人认为反正不重要，拖一拖没有关系，其实这个习惯非常不好。一方面你的拖拉会打乱所有上下游的节奏，让他们无所适从；另一方面，拖拉的事情累计起来，一定会让你自己在某个时点手忙脚乱、自顾不暇。对这类事情，正确的处理方法是，迅速处理，然后忘掉，清空大脑以处理其他事情。

第三类，重要但不紧急的事，这是第三优先要处理的。这一类事情，最好在心底谋划一个处理计划，有一个时间表，按照时间表拿出精力和时间来处理。我的经验是，这一类事情很多时候往往需要的是思考而不是时间，所以关键是要有一个处理计划和时间表，避免拖来拖去让这一类事情转化成重要且紧急的事情。

第四类，不重要也不紧急的事，这一类事情，应该能推则推、能简化则简化。在这一类事情上浪费时间和精力，必然会影响到其他重要事情和紧急事情的处理。很多人不理解为什么有一些非常聪明的人在生活细节上显得低能，其实那是因为他们根本没有动脑子去思考那些事情，他们认为那些事情无关痛痒。

我们每个人每天都需要处理很多问题。有的人，虽然事情很多，但总是有条不紊；有的人，事情不多，但是好像永远手忙脚乱。差别就在于是否会把事情分类，并按照正确的方法处理每一类问题。

正确地做好这四种分类，并且按照正确方法处理每一类事情，不但可以大大提高自己的工作效率，而且可以让自己抓住重点，集中力量解决关键问题，从而更有助于达成目标。

我喜欢户外。去户外的时候很多同行的朋友经常感到奇怪，为什么我出门十几天几乎没有电话找我？我开玩笑说，如果公司有电话找我，就说明我有麻烦了。

我跟公司同事的约定是，你负责的事情是你的事情，你的事情你自己搞定，不要找我；但如果你搞不定，你必须找我，解决问题是我们唯一的目的，绝不允许遇到困难自己解决不了，就放任任务失败。

如果要找我，不紧急不重要的事情，写邮件找我，我有时间的时候会看。拉卡拉的文化要求"日清邮件"，所以你写了邮件，我当日一定会看到，但我不一定立刻回复，何时回复会视我的时间以及你的事情而定。

不紧急但重要的事情，更应该写邮件，因为既然是重要的事情，不写邮件怎么说得清楚？甚至应该约个面谈才可能研究明白，不管我在干什么，直接发短信或者打电话跟我说这类事情，我一定会修理你。

不重要但紧急的事情，发短信或微信，我第一时间收到，然后会尽快给你回复。

重要但紧急的事，打电话，以及采取你可以采取的任何方法找我，不必理会我在干什么。

这样配合，你可以处理好自己的工作，我也可以承担起我的责任。

1.4 向《国务卿夫人》学习解决问题

创业者经常会有一种疲惫感，因为每天总有处理不完的事情，在《创业 36 条军规》中我写道，总经理不是人干的活，因为总经理是公司最后的问题承担者，永远要面临数不尽的问题，所有人都可以说我放弃，但总经理不可以。所有人解决不了的问题都会推到你这里，并且很多问题会同时而来：产品问题、销售问题、生产问题、售后服务问题、融资问题、管理问题，甚至是家庭问题，都会一起涌到你面前。这个时候，如何面对？如何处理？

我相信每个创业者都有自己的办法。美剧《国务卿夫人》展示了主人公坦然面对问题、积极解决问题的豪情、斗志和方法，这应该是每个领导者必须要有的工作状态。一个创业者，如果没有这种能力，一定会被问题压垮，更别谈创业了。

剧中，伊丽莎白·麦考德是一位大学教授，她在中情局工作时的老上司道尔顿当选美国总统后邀请她担任国务卿。全剧看下来最大的感受就是，美国国务卿真忙啊，简直就是一个事儿篓子。剧中，以色列和伊朗的冲突、安哥拉发生瘟疫、委内瑞拉发生地震、美国人被劫持为人质、签署国际合作协议，甚至智利的美国工厂被停工、美国公司要争取尼日利亚的合同……都需要她去处理，刚回到家就被叫回白宫的情况比比皆是。

而每一个危机都涉及多方，每一方的利益都不一致，甚至相互冲突，不仅要协调危机中涉及的各国，还要协调美国内部国会两院、相关政府部门，兼顾盟国媒体的反应、大选的需要。国务卿还有三个正处青春期的孩子，孩子的教育、恋爱甚至孩子学校对家长的要求，都要国务卿夫人面对和解决。

永远是一个问题接着一个问题，甚至很多问题一起到来，必须同时兼顾、快速处理。

当然，国务卿夫人最终都处理好了。

我的体会是，解决这么多问题靠的是以下三条。

第一，好的心态。

把遇到问题以及解决问题当成工作的常态，而不是怨天尤人，或者像虱子多了不痒、债多了不愁那样逃避，也不是像走到哪儿是哪儿那样听天由命，更不是在焦虑中战战兢兢地应对，而是把存在问题当作常态，把解决问题当作自己存在的意义。聪明地工作，以把 5% 的希望变成 100% 的现实之心去解决问题，并且享受这个过程，同时还兼顾自己的生活质量。

爬山，在确定了方向之后，最重要的就是两件事，迈开腿，不断地向目标前进，以及随时随地欣赏路上的美景。迈开腿，遇到坎儿要么跨过去、要么绕过去，总之向前走是最重要的，不向前走永远也到不了目的地；其次就是要随时随地欣赏沿途的风景，不能只是低头走路而忘了欣赏沿途的风景，也不能先顾着赶路，等到了山顶再欣赏美景，路上的美景只能在路上才能欣赏。

作为创业者，要有"创业就是一个问题接着一个问题，每解决一个问题就可以前进一步"的心态，一边解决创业路上的各种问题，一边享受和欣赏创业过程。这是非常重要的心态，否则就会因问题而焦虑，除了徒增烦恼，无助于问题的解决。

第二，掌握解决问题的方法。

每个问题都是很多因素纠缠在一起的，关键在于能否找出其中的关键点，解开它们之间的耦合，一个一个解决。

分清问题的轻重缓急，一个一个去处理是解决问题的关键。

解决问题最核心的方法是分阶段解决问题。如果想一下子兼顾所有目标、解决所有问题，其结果很可能是找不到解决问题的方法。应该把复杂问题简单化，先解决有没有的问题，再解决好不好的问题，最后解决贵不贵的问题。

一个复杂的设想，应该先抓住其本质，先从最简单的地方做起来，在做的过程中不断完善，这是把事情做成的正确方法。如果想等到所有条件具备、所有目标都能够兼顾，再出发，永远也出发不了。

第三，明白所有问题的解决都是妥协的结果。

每个问题涉及的各方都有自己的需求，你先解决了别人的问题，别人才能帮你解决你的问题。大国之间如此，小国之间如此，人和人之间也是如此。如果凡事只考虑自己，不考虑对方的需求，很难达成一致。相互让步，尊重对方的核心需求，找到彼此的最大公约数，是解决问题的唯一路径。

一个善于解决问题的人，一定是善于沟通的人。善于倾听对方并且善于说服对方，当然前提是能够换位思考，能够站在对方的角度思考，找到对方的痛点和需求所在，先帮对方解决问题，然后对方才可能帮我们解决问题。

不要觉得这是交易，世界本身就是如此。别人支持你，帮助你解决你的某个问题，可能是因为友情，但绝大多数情况下，只能是基于合作，对对方也有利，或者你在其他方面给予了对方帮助。如果只是有利于一方，不可能达成一致。在《国务卿夫人》剧中，你可以看到，每个一致的达成都是找到了对方想要的东西并给予对方，才换得了对方的让步。

我是一个很推崇"生活禅"的人，生活中的任何事物都可以作为我们领悟世界、领悟人生的道具。一部好的作品往往是最好的道具，因为编剧会把各种矛盾冲突浓缩到很短的时间里，浓缩在很少的人身上，从而让我们对人世间的悲欢离合、爱恨情仇有更深刻的领悟。《国务卿夫人》就是这样一部好的作品，让那些担负重任的人深刻地对解决问题的使命感产生共鸣，鼓舞他们鼓足干劲，投身于自己责无旁贷的使命。

精进有道

1.5 请不要考领导

当领导，最恼火的就是遇到那些习惯性考领导的下属。他们总是跑到你面前问："这个事怎么办呀？那个事应该如何呀？"活脱脱像一个考官，不断地考验领导的智商和情商。

凡是这种情况，我一般用两种处理方法，告诉他"我不知道"，或者问他"你的建议呢？"

答案我当然知道。问题是，提问的人也有大脑。为什么不能自己思考找到答案呢？答案都是思考的结果。人的大脑是用进废退的，人的能力也是越锻炼越强的。如果你不去思考，只知道问，你永远不会进步。领导之所以是领导，就是因为他们时刻在思考。

有人认为领导是"官"，是管自己的人，是下达命令的人，自己是在替领导工作。这是完全错误的理解。这种理解会直接导致错误的工作态度和错误的工作方法。

领导不是你的保姆，所以你不能遇到一丁点儿困难就去找领导求援；领导不是你的助手，所以你自己的事要自己做，不能指望领导和你一起做。

领导是你的验收官，你应该自己出题自己答题。如果你没有达到可以给自己出题的高度，领导会给你出题，领导会关注你的结果。

领导是你的教练，他会培训你，指导你，逼迫你不断提高能力、不断进步。

　　领导是你的后援，无法独立达成目标时，你可以向领导请求支援，也必须第一时间向领导求援，因为，达成目标是你和领导唯一的共同使命。但是，请记住，当你想去向领导求助的时候，请确认你已经使出"洪荒之力"了；当你去向领导请示的时候，请给领导出选择题，不要出问答题。如果你确实没有能力做出自己的选择建议，至少，请事先多做些准备，例如弄清事情背景、别人是怎么做的、以前是怎么做的等，让领导思考的时候有充足的资讯。

　　所以，正确的工作方法是：

　　首先，独立达成工作目标；

　　其次，如果你可能无法独立达成目标，一定要第一时间向领导求援；

　　最后，如果向领导求援，请先竭尽全力做完自己能做的，然后给领导出选择题，不要出问答题。

1.6 上级指示理解的要执行，不理解的更要执行

拉卡拉有一个原则，"上级的指示，理解的要执行，不理解的更要执行，在执行中加深理解"。

很多人可能不理解，似乎习惯性的做法应该是只执行上级那些对的指示，错的指示当然不能执行。

世界上最害人的就是这种貌似正确的错误的话。理论上，我们当然应该只执行正确的指示，拒绝错误的指示，但问题是谁来判断上级的指示是对还是错呢？尤其是作为下级，你怎么可能知道上级的指示是对还是错呢？

类似的例子比比皆是。每次谈到学先进时，总有很多人说要学习先进的好的东西，或者说选择那些适合"自己的具体情况"的来学习。这恰恰是最错误的做法。既然别人是先进你是后进，你如何能够判断别人哪些是好的、哪些是不好的呢？

"自己的具体情况"更是一个拒绝学习的最佳借口，持这种理念的人必然学不到东西，因为人都是有惰性的，会本能地认为与自己既有东西不一样的是"不好的"，而将之排除在学习之外，但这些恰恰是你需要学习的东西。

所以，华为引进 IBM 的管理时，任正非要求先僵化，再固化，再优化，即先要僵化地把别人的东西全盘接受，然后努力将之变成自己的东西来践行，熟练掌握之后再看是否有优化的空间，这是学先进的正确方式。

执行上级指示也应该一样。首先默认的是执行，不管理解不理解，先去执行。如果执行没有效果，不要质疑指示的正确性，而是要反思自己的执行是否到位。如果执行到位了还是没有结果，再去质疑上级的指示是否有问题。

绝大多数情况下，方向掌握在站得更高、看得更远的人手中，掌握在决策者手中。

上级，是比你更高级别的管理者，他们掌握比你更全面的信息，比你更了解方向，也担负着你不担负的责任，所以他们做出的决定有的你不理解是正常的，你必须假设他们做出的决定都是正确的。

战场上，决定进攻哪个山头的是上级，负责攻下山头的是战士。如果指挥官下达了进攻的命令，战士不是发起冲锋，而是七嘴八舌地问为什么，思考对不对，没有等到上级解答就会全军覆没。

决策层负责决策，执行层负责执行，各司其职才有强大的战斗力。如果执行层每次执行之前都要对决策做一个判断，那就天下大乱了。这也是所有企业都禁止低级别员工讨论战略的原因。

很多习惯找借口的人会用质疑上级的决策这种方法来逃避执行，而且用执行上的困难去质疑战略上的决策，这是必须要杜绝的。

2. 有结果就是有亮点

亮点，就是超出上级或者同事的预期。

虽然在管理上，我们强调应该善于向上级汇报、和上级保持沟通，让上级对你的计划和进度了然于胸，不要让上级有意外，但是，从结果上而言，能让上级超出预期还是非常有价值的。

要在工作中做出亮点其实并不难。如果用心，把工作的事当作自己家里的事一样去做，很容易在想法、行动和结果上超出上级的预期。

但是，请注意，不能为了亮点而亮点，亮点必须是服务于整体战略的。

2.1 不要让辅助指标干扰核心目标

我们做任何事情，都会有很多目标，即便是只有一个目标，也会有很多子目标。原则上，所有目标都可以分为有没有、好不好以及贵不贵三个子目标。其中，有没有是核心目标，好不好以及贵不贵是辅助目标。最重要的是分清主次，不要让辅助目标干扰主要目标，尤其是不要干扰核心目标。

所谓核心目标，就是那个"代表着本质的目标"，就是那个"如果达不成后果会很严重的目标"，就是那个"决定全局胜负的目标"。而辅助目标，是那些让核心目标品质更好、体验更好、成本更低的目标。

如果做产品，那核心目标就是功能，辅助目标就是品质以及价格。如果没有功能，品质以及价格根本没有任何意义。当然如果品质差到一定程度，功能也就不存在了；如果价格贵到一定程度，功能其实也不存在了。

一辆汽车，如果最高时速只有 5 公里，或者价格超过 100万美元，那本质上汽车作为代步工具的功能就不存在了。

如果目标是一个数字，核心目标决定的是第一位数字。决定的是 1、2，还是 0。如果核心目标没有达成，第一位数字是 0，后面再多的数字都没有意义。辅助目标决定的是第二位、第三位等后面的数字。核心目标达成了，辅助目标兼顾得越好，整体数字就越大。

成功的关键，是要盯着核心目标努力，不要让辅助目标干扰了核心目标。

　　现实中，很多人失败不是因为能力不够，而是因为对目标理解错误，被辅助目标带着走，偏离了核心目标。

　　新 iPhone 即将上市时，我安排秘书买两台。过了很久，我看到周边的人已经纷纷在用了，可我的还没有到。我问秘书，回答是"再过两周就可以了"。我很惊诧，问为什么。秘书告诉我"苹果官方店 10 月 16 日才供货"。我问："那别人为什么都在用？"答："市场上也可以买到，但是要加价，别人是加价买的，我们在等官方店。"我无言以对。

　　显然秘书根本没有搞清楚，对于手中的手机还很新但依然要买新款的董事长而言，核心目标应该是"不加价买到手机"还是"第一时间买到手机"呢？显然是后者，如果没有做到后者，追求没有加价又有何意义呢？

　　工作中，当我们不清楚目标中哪个是核心目标时，最好的办法是请示上级，而不是想当然。

　　拉卡拉管事方法论是"先问目的、再做推演、亲手打样、及时复盘"，其中第一条"先问目的"，就是让我们先把目标搞清楚，搞清楚哪些是核心目标、哪些是辅助目标，再开始工作。

2.2　吃着碗里，看着锅里，瞄着地里

　　所有的管理者在期末考评时都会有一个纠结，是完全按照期初设定的 KPI 来考评，还是根据期末对全盘工作的理解来考评下属?

　　按理说，应该按照期初设定的指标来考评。不管期初设定的指标合理不合理、现实不现实，都应该按照该指标去考评。很多人认为这样才是说话算话，否则下级会无所适从。

　　但我不这样认为，管理不是一个死板的事，必须时刻抓住本质，必须以终为始，才是负责。

　　所以我主张在考评时，既基于期初设定的指标，又基于以终为始的逻辑来进行考评。

　　按照拉卡拉五行文化的精神，要进取——今天的高点就是明天的起点，只有达成我们的终极目标，才是唯一有意义的。因此，年终考评时，我不但会关注当年 KPI 的完成情况，还会关注有没有为第二年甚至第三年更进取的目标做好铺垫。

　　俗话说，吃着碗里的，看着锅里的，瞄着地里的，好日子才能持久。一个好的领军人物，不仅应该关注和完成本年度 3K3T，还必须关注第二年甚至第三年更进取的目标，以及为这些目标的达成提前做准备。若无此境界以及态度，在我心目中就不是合格的领军人物。

2.3 管理好你的领导

每个人在工作中都离不开和上级打交道，应该按照"管理上级"的思路来和上级打交道。管理好自己的上级，把上级当作资源，善于发挥上级的作用是做好自己工作的基础。

世界上的事情分为三类：自己的事，别人的事，上帝的事。核心是要分清楚每件事是谁的事，各自做好自己的事，把自己的事解决好、拿出结果才是本事。

你负责的工作，是你的工作而不是上级的工作。达成工作目标、拿出结果是你的岗位职责，也是你存在的意义。

工作中有些事情必须要请示上级，因为事情已超出你的授权范围，必须由上级来决策。或者事情虽然在你的授权范围之内，但是事关重大或者比较复杂，你把握不准，想请上级帮助把关，不管是哪一种情况，请示上级只是一个手段，不是目的，更不是结果。请示时要避免以下三种常见的错误。

其一，不可以像二传手一样转交问题。

请示上级的时候应该给上级出选择题，而不是给上级出问答题。你的工作既然是你的事情，最了解你工作的人就应该是你自己，解决工作中问题的也应该是你自己，所以在请示上级时应该给上级出选择题，即提出几个解决方案，阐述清楚各个方案的利弊，并给出自己的选择建议以及理由，请上级定夺，这是唯一正确的请示上级的方法。

而不是给上级出问答题，问上级应该怎么办，即便问题已经大大超出你的能力。如果你给不出任何选择方案，那也应该搜集全你能够搜集到的所有资料和信息，将之分类、归纳。总之，你必须竭尽全力做完所有你能做的工作之后再去请示上级。

那种完全不动自己的脑子，只是把遇到的问题直接上交给上级的工作二传手，是组织中的冗余人员，没有任何存在价值。

其二，不可以把提交请示当作工作的中点甚至终点。

很多人认为请示上级之后工作就结束了，至少是阶段性地结束了。在上级批示没有下来之前，工作就会被放到一边，原地不动，这是非常错误的一种工作方法。其原因依然是没有想清楚工作是你的而不是上级的，请示上级只是你工作中必经的一个环节，而不是工作的结果。

所以在请示上级的时候一定要积极关注上级的反馈，上级若无反馈就必须反复去提醒。一言以蔽之，你必须在你自己预期的时间之内拿到上级的反馈，至于方法是直接去催促上级还是去催促上级的秘书、助理，是通过邮件、短信去催促还是电话催促、当面催促，由你来选。目的只有一个，就是在你预期的时间之内拿到你需要的上级反馈，不能因为上级反馈的速度慢或者上级没有反馈，影响你的进度和结果。

其三，不可以在请示上级的同时把自己的责任也卸下。

工作的唯一指标是在预定的时间之内达成预定的结果。请示上级只是达成工作结果过程中的一个环节。如果因为这个环节延误或者在这个环节上被阻碍住，导致没有达成预定的结果，同样是你工作的失败。

即便工作超出了你的授权，需要上级来决策，那也并不等于该工作不再是你的责任，并不因为决策权在上级，责任就在上级了，责任依然是你的。

换言之，不管上级有没有指示，指示是否及时，甚至指示是对是错，如果你的工作达不成预期结果，都是你没有完成工作，并不会因为你请示过上级，你的工作责任就没有了。即便决策权不在你，你的工作是否达成目标的责任依然在你。

上级是你工作中的必然存在，但是上级与你的关系只有三个：第一，把握方向；第二，作为你的后援，帮助解决你解决不了的问题；第三，帮你协调你协调不了的资源和事情。

完成工作、达成工作目标是你的事，也是你的岗位存在的唯一理由，也是你存在的唯一理由。

任何时候，不管任何原因，如果让自己的工作停滞下来，都是最大的失职。

2.4 不要做上级愚蠢的殉葬品

工作中，相信每个人都会遇到认为上级的做法是错误的时候，应该怎么办？

有人认为，我只是执行者，让我做什么我就做什么，上级的指示对错与我无关；有人认为，我需要向上级反映我的意见，至于上级听不听，不是我能决定的，反映了我就没有责任了；也有人认为，我必须向上级反映，如果上级不听，我就向上级的上级反映，甚至不惜抗命以达成正确的结果，即便失去岗位也在所不惜，绝对不做上级愚蠢的殉葬品。

这其实是一个两难问题。一方面，要相信上级，因为上级站的角度更高、掌握的信息更多、水平更高；另一方面，上级确实可能会犯错，甚至是大错误，甚至干坏事，怎么办？

我认为，如果坚信上级错了，应该采取第三种方式。

一个组织就像是一支行军队列，上级是走在最前面带路的人，如果路带错了，跟着走只会一起掉到沟里，成为上级愚蠢的殉葬品。发现路错了当然应该高声示警，甚至越级反映，"将在外，君命有所不受"，为的是最终达成结果。

这是标准的"结果导向"。

实际上，很多好莱坞大片的主题都是如此，在战斗陷入困境乃至人类遇到危机时，不起眼的小人物奋起抗命，依照普世价值、基本逻辑和常识行动，最终挽回了结局。

电视剧《亮剑》中，李云龙没有遵从上级撤退的命令，根据战场情况从正面突围并击毙日军高级将领，也是同样的道理。虽然上级以战场抗命的名头处分了李云龙，但是与胜利相比，处分是相当值的，并且从长远来看，上级终究是欣赏和认可李云龙的。

在我们的组织中，我同样鼓励这样的行为。如果一个组织的成员都只会对上级决策"唯命是从"，这个组织是没有活力的，是很危险的。

上级如果错了，有两种可能：战略上错了和战术上错了。

战略性错误是指方向错了。说实话，这种可能性不大，因为战略是一个职务行为。夏虫不可语冰，井蛙不可语海。站在山脚下的人永远不要和站在山顶上的人争论风景。上级比你级别高，因此他一定比你更了解方向。一般情况下，不要轻易质疑上级对方向的把握。

上级如果发生方向性错误，这是最可怕的。这时候团队中的有识之士以结果为导向的思维和行动尤为有价值，尤为重要。

战术性错误是方法问题。譬如，前方出现了危险，上级没有看到，你看到了，或者是你认为现在的做法达不成结果，而你有更好的方法，毫无疑问，这个时候，你必须大声讲出来，告知上级。如果上级不理会不接受，你要反复讲，同时要告知上级的上级。如果还是没有回应，就要告知更上一级直至最高级别。

管理上，指挥序列上，我认同逐级指挥，上级的上级不是我的上级，但信息传递的序列不是如此，组织内应该最大限度保证信息沟通的通畅。

拉卡拉五行文化中，十二条令有一条"亲撰周报"，明确要求每周一中午 12 点每个人必须亲自撰写一份周报，发送给自己的上级，抄送给上级的上级，就是给大家提供一个跨级信息传递沟通的机制。

实际上，日常工作中很难遇到上级犯战略性的错误，99% 以上都是战术性的错误。

如何判断上级的指示是否错误呢？战略上，要依靠逻辑和常识，凡事不合逻辑必有问题，超越常识就是骗局；战术上，在于上级的指示是否能达成预期目标，如果能够达成，就是正确的，如果不能达成，就是错误的。

如果你认为上级的安排是有问题的，一定要第一时间提出来，如果上级不理睬而你又认为非常重要，一定要反映到上级的上级甚至最高层。如果上级真错了，你力挽狂澜了，不但团队达成了结果，你也同时脱颖而出了；如果上级真错了，你意识到了但没做努力改变，团队达不成结果，上级失败的同时，你也成了上级愚蠢的殉葬品。

3. 有结果就是业绩好

有结果的最高标准是业绩，业绩好就是有结果，业绩不好就是没有结果。

每个统帅都希望自己带领的是一支铁军，招之能来，来之能战，战之能胜。

要锻造一支铁军，需要从两个方面着手：一方面是文化，让每个成员都是主人心态、结果导向以及志同道合；另一方面是业绩导向，旗帜鲜明地实施军功主义，按劳分配、论功行赏。

结果导向，不认苦劳，只认功劳，只看结果，有功者重奖，有过者即罚，无功不赏。只有建立起这样的军功主义文化，才能让成员充满狼性，才能形成一个自下而上自驱动的、孕育开疆拓土式英雄的土壤和环境。

军功 = 防区 × 战绩。

军功的第一个系数是防区，防区越大，军功越大。扩大自己的防区，才能提升自己的军功。军功文化鼓励的是积极请战、积极抢主攻，惩罚的是大事化小、小事化无的消极心态。

军功的第二个系数是战绩，战绩越好，系数越大。超出预期的战绩，系数1.2甚至2.0；符合预期，系数1.0；低于预期，系数0.8甚至更低。

每个成员只有积极争取承担更多更大的职责，并且把自己的职责做到符合预期甚至超出预期，才能扩大自己的军功，才能分享更多的企业成果，才能获得更大的未来舞台。

军功主义的反面是大锅饭。干和不干差别不大，干多和干少差别不大，干好和干坏差别不大。

虽然每个正常人都知道大锅饭不好，但是往往一不留神就搞成了吃大锅饭。所以，必须把业绩好作为有结果的标准，把有结果作为有能力的标准，时刻提醒我们，避免大锅饭。

3.1 领导可以凑合，你不能凑合

工作中经常会遇到领导对你的工作不满意的情况，这时候有三种可能：一是领导不满意，让你重新做；二是领导不满意，批评几句，凑合着接受了；三是领导不满意，但也没批评，接受了。第一种情况很简单，估计都会马上回去重做；遇到第二种和第三种情况，你会怎么办？

有的人会舒一口气，认为可算是过关了，赶紧走，该干吗就干吗去；有的人会回去分析领导不满意的点是什么，领导为什么不满意，哪里不满意，问题是什么以及应该如何改进。

正确的做法当然应该是后者。

态度决定一切，对待工作的态度不同，工作结果也不同，个人的职业生涯也会不同。拉卡拉的核心价值观强调求实、进取、创新、协同、分享，这是正确的工作态度。领导可以凑合，你不能凑合。否则，如果哪一天领导不凑合了，你就死定了，而且，一定会有这一天的。

态度的最高境界，是像做自己家里的事一样工作。如果能做到这一点，相信我，你的业绩一定能超过 80% 的同事。

人世间的事就是这样，很多看似很难的事如果抓住关键点，解决起来并不难。做好工作的关键点很简单，就是把工作当成自己家的事来做，自己家里的事怎么做，工作就怎么做。

组织同学聚会，组织家庭出游，我相信每一个人都可以做得面面俱到，既省钱，效果又好。可如果换成是上级让你组织公司的一个活动呢？选场地、定流程、选菜配餐，事都是一样，可做起来有多少人能够面面俱到，既省钱效果又好呢？

当然，严师出高徒，领导还是不要凑合为好。严格要求，哪里不满意提出来，督促下级改进，下级就会不断进步，工作也会不断有进展。如果上级在管理上要求宽松，下级就会不知应该做何改进，其实是对下级不负责任。

3.2　天底下没有捎带手能做成的事

所有想捎带手做的事都不可能做成。道理很简单，我们认认真真努力去拼搏的事尚有很多做不成，更何况捎带手去做的呢？

天下没有免费的午餐，所有有价值的事，都是需要付出艰辛努力才能达成的。工作中最重要的事，就是剔除那些可做可不做的，集中资源专注在主战场。对于领导者而言，一个硬性原则是：没有下决心死磕的事情不做。

在拉卡拉，我们的原则是：事有专岗，岗有专人，人有专才，才有 KPI。

所谓事有专岗，任何我们要做的事情，必须设立专门的部门、专门的岗位负责，一个没有 KPI 考核的岗位，做事情都是不可能有结果的，没有下决心设置专门部门和岗位的事不做。

所谓岗有专人，任何岗位上必须有专职的人，杜绝兼职负责、捎带手负责的情况。

所谓人有专才，任何事情的负责人都应该是专业的人，是能够胜任的人。人对了事才能对，如果把事情交给不胜任的人去负责，不但达不成结果，还会产生负面作用。

所以才有 KPI，任何岗位都必须设立明确的考核指标，没有明确指标的事情，只能寄希望于经办人的觉悟和水平，很难做好。

人最大的问题是"贪"。什么都想兼顾、什么都不愿意舍弃是所有管理者的人性。而成功的前提是专注，专注的前提是做减法，要时刻提醒自己，放弃那些对主战场胜负不起决定性作用的事，凡是没有下决心死磕的事都不做。

3.3　一定要做减法

决定战争胜败的，是关键战斗的胜利，而不是获胜的次数。项羽打赢了一百多次战斗，但关键的垓下之战，刘邦胜了，所以天下是刘邦的。让企业成功的，是一个叫得响的拳头产品，而非一堆不温不火的产品。让产品成功的，是一个杀手级应用，而非一堆可有可无的应用。

所以，多没有用，解决关键点才管用。要做减法，集中力量在关键点上，做好做透关键点。

做减法，说起来容易做起来很难，因为这是反人性的。

做减法就是要舍得，要放弃很多你认为很重要的东西，甚至是放弃你熟悉的、擅长的东西。不论放弃哪一种，都很难，因为人的本性是贪大求全和追求稳妥安全，人性就是不舍。

人性天然希望稳妥，不喜冒风险。对选择不自信时，我们天然喜欢多选几个来增加保险系数。有人认为，很多事情是可以捎带着做的，反正是顺手而为，多做几个有何不可。也有人认为，很多事情天然就是一鱼两吃的，一个技术的产生可以应用于多个方向，放弃哪个都很可惜，不如齐头并进吧。最典型的就是 2C（对消费者）和 2B（对企业）。原则上很多技术，都可以直接服务于 C 或者帮助 B 来服务 C，所以似乎是不假思索地设立一个 2C 部门或者一个 2B 部门一起做。

这些观点都是不成立的，既然你认为是捎带手做的事，就说明，你并不认为此事重要，既然不重要，为何还一定要做？为何不能舍弃呢？

实际上，宝贵的资源就是在这种有何不可之中被大量浪费掉了。经济学的基础原理就是资源是稀缺的，而初创公司缺人、缺钱、缺时间，什么都缺，这时候再兵分几路，每一条路上的资源更加不足，到头来哪一件事都做不成，岂不是自己和自己过不去？

我看过太多太多的初创公司不专注，几乎所有公司都是同时在运作几个项目，这个也舍不得、那个也放不下，这个觉得可能有前途，那个也怕失去机会，这是创业的大忌，也是大多数创业公司不能成功的根本原因。

我看过太多太多的产品，功能设计得复杂无比，恨不得把自己能做出来的都一股脑儿推给用户，言下之意：必有一个适合你，你自己看着办吧。这是非常错误的思路，能够让产品成功的，一定是一个杀手级应用，而不是一堆可有可无的应用。做不好这个杀手级应用，再多的功能也不可能让一个产品流行起来。

可惜这个道理，一半人不知道，一半人知道了，下不了决心去做。

我一直相信，人生中的哲理，万事万物是相同的。有两个道理放之四海而皆准，一个是只有解决关键问题才能向前进，一个是专注才能成功。做产品如此，创业如此，人生亦如此。

3.4 把自己不理解的指示执行到位，才是真水平

对于上级的指示，是"理解的执行，不理解的就不执行，还是不理解的先提出质疑，甚至默认所有的指示都去执行？

在拉卡拉，我们有一个理念：领导的指示，理解的要执行，不理解的更要执行，在执行中加深理解。

这个问题的核心是相不相信上级的问题。如果不相信上级，认为自己比上级牛，就会时刻对上级的指示做判断，然后"执行理解的，不执行和质疑不理解的"；如果你相信上级，就会更多地理解上级的指示，即便有些不理解，也会先执行，一边执行一边理解，或者找上级答疑解惑。

如果战争中上级下达了命令，下级不去执行，而是拉着上级讨论命令的正确性，估计战斗早已失败了。

当然不是说应该不动脑子盲目地执行上级指示，但是对上级的指示有不理解时，我们首先假设上级是正确的，还是假设上级是错误的？

不相信上级，是很多大灾难的根源。

必须相信上级，因为上级站得更高。上级一定是从比你更高的全局高度考虑做决策的，站在半山腰上的人和站在山顶上的人争论方向是没有意义的，因为站在山顶上的人看到的

东西，站在半山腰的人根本看不到。

本位主义是人的本能，对每个部门负责人而言，当然认为本部门的事情都是最重要的。但是对全局而言，部门利益要服从整体利益，个人思路要服从领导思路。

局部利益服从整体利益，这是最基础的要求。站在全局高度，既要解决火烧眉毛的问题，也要未雨绸缪。既要标兵亮点，也要百花齐放，这些都只有站到全局高度才能理解。如果你不理解，说明你高度不够，而不是上级指示错误。

必须相信上级，这是一支队伍令行禁止的基础。原则上，达成你的目标是你的事情，但是上级一旦出手干预，必有其道理，应该默认执行。

当上级的指示和你的预想有差别时，如果不是原则差异，既然上级下达了指示，执行就好，把上级指示当规定动作，在完成上级指示之余，你大可以再考虑自己的自选动作。如果上级的指示和你的想法差异很大，首先要相信上级是正确的，想办法去理解或者直接执行，在执行中加深理解，执行了一定程度还不理解，再去和上级讨论；如果一定要理解了才开始执行，也可以马上去和上级讨论，但是如果讨论了，上级还是坚持指示，就要马上去执行。

如果上级的指示，理解的执行，不理解的就不执行，那到底是上级在做决策还是你在做决策呢？决策者的水平是上级的水平还是你的水平呢？

很多人对于自己不理解的上级指示，执行中不坚决，甚至下意识地偷工减料、虚与委蛇，找理由找借口，潜意识里希望以执行失败来证明自己的正确，这是更加错误的做法。

能够把自己不理解的指示执行到位才是水平。

2

执行能力就是
有态度

态度决定一切，这是米卢教练当年带给中国足球的两个建议之一，另一个是快乐足球。

态度确实对成功具有决定性的影响。这个世界，人和人的比拼很少能够走到能力的比拼，在态度上基本上就胜负已分。

著名经济学家弗里德曼曾经讲过：

花自己的钱办别人的事，只讲节约不讲效果；

花别人的钱办自己的事，只讲效果不讲节约；

花自己的钱办自己的事，既讲节约又讲效果；

花别人的钱办别人的事，既不讲节约也不讲效果。

这就是态度的差别，而态度的背后是人性。人之初性本善还是性本恶，其实不重要，重要的是现实社会中的人性是什么。

现实社会中的人性，就是人是社会的人，人是经济的人。

这不需要争论，因为这是根据大量现实存在得出的结论。

态度的最高境界，是把工作当成自己的事一样去做。如果能这样，相信每个人的工作绩效至少可以提高一半以上。

1. 有态度就是求实

所谓求实，就是刨根问底、结果导向以及做十说九。

求实，就是凡事不止步于表面现象，一定要探究清楚表象之下的本质是什么；就是不直接接受别人给出的答案，而是多问几个为什么，搞清楚真正站得住脚的答案是什么。

求实，就是一切以结果说话，认为没有结果等于没做。

求实，就是不夸夸其谈，所说的每一句话都经得起推敲。

求实与否，不仅影响自己的结果，也极大地影响同事和友军的结果。一个不求实的人，如果同事和友军相信了他，就会被带到沟里，受害的是一大片防区。

1.1 省省吧，别总想着颠覆了

不知从何时起，很多创业者开口就是颠覆、颠覆式创新，闭口就是弯道超车、跨越式发展。我想说，省省吧，天底下哪有那么多颠覆机会？弯道超车哪有那么容易？

对于一个生存问题都没有解决的创业者而言，谈颠覆无异于痴人说梦。

别人已经处于领先地位而且还一直在努力耕耘，凭什么你作为后来者就可以弯道超车？别人都在一口一口吃饭，凭什么你就可以一口吃成个胖子？别人都在一岁一岁成长，凭什么你就可以拔苗助长？

颠覆、跨越式发展心态的背后，是投机取巧，是侥幸，危害相当大。

不合逻辑必有问题，超越常识就是骗局。世界上绝大多数事情都是平平淡淡中按部就班一步步发展的，超越规律的事情有，但是是小概率事件，把希望寄托在小概率之上，失败就会是大概率事件。

想一口吃成个胖子的基本上都噎死了，拔苗助长的苗基本上也都死了。

就颠覆和弯道超车而论，古往今来，颠覆的机会是少而又少的，能够颠覆的人更是少而又少的；弯道超车的机会是少而又少的，能够超车成功的人更是少而又少的。

只有在出现革命性的技术突破时，才有颠覆的机会。正常的逻辑是，循序渐进，积小胜为大胜。平常时期最好的办法是"学成文武艺，货卖帝王家"。如果认不清这个道理，才华越大死得越快。

我有一个朋友，玩牌时总恨不得一副牌决胜负，看不上小胜，总想赢一把大的，结果总是输多赢少。商业也是如此，公司最需要的不是"暴饮暴食"式的增长，而是可持续成长。巴菲特是投资界的奇迹，但是其实巴菲特投资的年复合回报率只有18%而已。换言之，如果你的企业能把每年的增长率做到18%，保持20年，就是世界上最赚钱的企业。

不要天天想着颠覆了，把心思花在改良上，每年改进一点点，几年下来，你就是市场赢家。即便是在新旧更迭的时代，也不是所有人都可以做颠覆者的。如果说只有1%的人适合创业的话，能够颠覆的创业者，是创业者中的万分之一。

靠口号和梦想是无法达成目标的。想颠覆，有两个必要条件：第一，你身处一个新旧更迭的时代，如果没有身处这样的时代，不要谈颠覆；第二，你是那个伟大的领军人物。即便身处新旧更迭的时代，也只有那个"上帝的选民"才有可能成就颠覆的事业，不仅需要自己具备卓越的能力，还需要自己有"众神呵护般"独有的资源以及运气。

如果你只是一个普通的创业者，不要再做白日梦了。

所以，作为凡人的我们，还是省省吧，不要总想着颠覆和弯道超车。踏踏实实，寻找用户未被满足的需求满足之，或者寻找用户已被满足的需求，用更好的方案满足之。找到一个，就有了生存空间。

1.2 凡事多问问

凡事多问问，是一个非常好的习惯。多问几个人，多问几个为什么。

第一是充分掌握信息。 掌握准确、全面的信息是决策正确的前提，很多错误都是源于信息不对称。任何人掌握的信息都不是最充分的，多问问可以最大限度地补充信息。

第二是佐证判断。 问的过程是一个推敲自己判断的过程，不论是零敲碎打地问还是整体求教，问的过程就是一个PK（对决）自己判断的过程。老司机的经验是无价之宝，再难爬的山只要登顶过都不是难事，即便没能登顶，只要攀登过，其经验和教训对后来者也有巨大帮助。

第三是扩展资源。 每个人都有自己独到的地方，凡事多问问，也许对方经历过类似的事情，自然会给你一些建议，甚至也许对方只是提供给你一点信息，可能都会让你"踏破铁鞋无觅处，得来全不费工夫"。至少，如果对方的资源可以帮到你，你可以知道。

我是一个从来不与别人倾诉的人，因为我认为自己的事应该自己处理，不应该骚扰别人，而且倒垃圾般的倾诉无助于事情的解决，更何况对方不是自己，即便再好的朋友也难与你产生共鸣。但是近年来，我日益体会到，凡事应该多问问，这与倾诉无关，而是一个非常重要的工作方法，可以让你少走很多弯路。

凡事多问问，要多问儿层为什么。

小孩子问问题，经常把大人问得哑口无言，就是因为小孩子采取的是层层追问的方式，每个问题你回答后会被追问一个为什么，这就是典型的刨根问底，也是最容易得出真相的方式，因为任何模棱两可以及不成立的答案在这种问法之下都无法自圆其说。

凡事多问问，不是自己不思考。

最坏的情况是发现了问题，也问了别人，然后把别人的回答不假思索就作为答案接受了，并以此为前提思考其他事情，但别人的回答是错误的。

永远不要用别人的思考代替自己的思考，对于别人给出的结论，接受之前一定要多问几层为什么，然后再基于自己的逻辑和常识做一个判断。如果结论都是成立的，接受对方给的答案，并将之纳入自己的认知体系。如果不成立，马上去探究成立的答案，找到答案了，自己的问题也就解决了。

例如，中国男足又败给了连足球场都被炸得乱七八糟的叙利亚，有人告诉你，是因为教练不行，真是如此吗？如果你继续问教练哪里不行了？为什么教练带别的队伍的时候就可以，带中国男足就不行了？说法成不成立，不言自明。

凡事多问问的前提是自己必须要有主见。

别人的建议要慎听，尤其是具体建议。因为别人不是你，也不需要对建议的结果负责，即便他的水平再高，给出的建议也未必是适合你的，听别人建议之前要对对方的水平有一个清晰的判断。

1.3 不能让任何一项工作无疾而终

对管理者而言，凡是对当期目标可能有显著影响的事情，或者对未来组织进一步发展可能有影响的事情，都是重要的事情。

在拉卡拉，凡是对"两正两反"指标有影响的事情都是重要的事情。"两正"即三到六年做到细分行业数一数二和完成当年 KPI 两个正向指标，"两反"即防止跑冒滴漏、贪污腐败和防止系统性风险两个反向指标。

管理者不可以让辖区内任何一件重要的事情无疾而终，虽然，事情无疾而终是管理上经常会出现的情况，例如安排某个下属做一个项目，结果做着做着这个项目就大事化小、小事化了，等到某一天你再次想起来的时候，发现项目无疾而终了。

真正的负责任是对任务负终极责任，即达成终极结果而非表面上的结果。如果只是考虑表面上的结果或者阶段性结果，都是不负责任，因为只考虑表面上的结果或者阶段性结果，很可能在遇到第一个困难时，就让事情大事化小、小事化了。

如果把达成终极目标寄托在下属能够完成上，就是不负责任。在拉卡拉，我们的文化是"控进度"，要求"管一层看两层"，上级不能当甩手掌柜，必须要关注到下级的下级的动态。

这个世界上有两种人，一种人是给点阳光就灿烂，给他一件事，他不但能够把事情做成，还会把事情不断深挖，越做越大；一种人是大事化小、小事化了，给他一件事，做着做着就无疾而终了。这是两种不同的做事思路，前者的思路是追求结果，并且不断进取，后者的思路是多一事不如少一事，前者是能够成事的人，后者是不能够成事的人。

用人，关键是要用能够成事的人。用了能够成事的人，他自己自然会逢山开路、遇水搭桥，把事情做成，而且会不断把今天的高点做成明天的起点，最终是"给点阳光就灿烂"；如果不幸用了不能成事的人，就会把事情越做越小，最终"无疾而终"。

所以说，用人是关键，人对了，事必然对，只是早晚问题；人不对，事必然不对，也是早晚的问题。

而我们自己，一定要让自己成为"给点阳光就灿烂的人"，否则上级会给我们贴上一个"不负责任"的标签，我们就会被越来越边缘化，最终自己无疾而终。

管理的唯一目标是达成结果，管理者必须以终为始，时刻盯着终极目标努力。最重要的事不是低头拉车，而是抬头看路，最重要的不是做了，而是能不能达成终极目标。

管理者必须时刻关注一个问题：我们现在做的事情，能否让我们达成预期的结果，我们现在的路线，能否让我们到达最终想去的目的地。若不能，必须立刻更改，若能，必须坚持。

2. 有态度就是进取

　　拉卡拉核心价值观中对进取的定义是，今天的高点是明天的起点，这是定量的看法。如果定性来看，进取就是对现状永不满足，不断优化自己，对于自己的任何工作，都不是做完就丢到一边去，而是继续思考是否有可优化的地方，并随时准备进行优化。

　　进取是一种态度，对任何事情，都有不断优化的意识，不断思考找到可优化的地方并主动优化。

　　对自己工作上可以优化的地方不主动进行优化，不是能力有问题，而是态度有问题。一个人的作品如果总是一成不变，永远是重复已有的东西，一个模板打天下，一个流程用三年，就说明他没有进取精神，至少没有用心在工作，只把工作当作谋生手段，对他而言工作是工作、自己是自己。

　　只有进取的人，才能不断进步。一个不进取的人，如同逆水行舟，不进则退。如果别人都在大步向前，你站在原地就是退步。

　　不用心工作的人是不可以信任的，也是不应该委以重任的。只有那些把工作当作品，精益求精的人，才是我们可以倚重的干部。

　　人的价值是由其不可替代性决定的。不可替代性越大，价值越大，收入也就越高，地位也就越高。

如果认为你的工作就是把领导交代的工作做完交差，那你的价值是有限的；如果你认为你的工作是达成期望的结果，并不断去思考如何做得更好，不断有小创新、小亮点，那你的不可替代性就很大，你的升职加薪就是指日可待的。

你如何对待工作，工作就会如何对待你。你对工作用心，工作才会对你用心。你对待每一件工作的态度，每一件工作的效果，都会形成领导脑子里对你的标签，你的标签是"没有能力""没有态度"，还是"有能力""有态度"，直接决定了你在公司中的未来。

回想当年大学毕业刚开始工作时，我把领导交代的每一个工作都当成给我的一个表现机会，都做到我能够做到的最好，很快领导就注意到了这个人不一样，结果，我工作三个月就升任部门常务副总，并主持部门工作。

我们常常抱怨自己怀才不遇，其实我们更应该自问：我们对工作用心吗？如果我们对工作不用心，凭什么要求工作对我们用心呢？

所有的成功者，都是不用扬鞭自奋蹄的，成功都是源于自发的进取意识，而非被要求。

一个人是否进取，做四个维度的比较，很容易得出结论。

第一，自己和自己比。今天比昨天进步了多少，明天比今天应该进步多少。

第二，和公司兄弟部门比。别人今天比昨天进步了多少，明天会比今天进步多少。

第三，与同行比。同行今天比昨天进步了多少，明天会比今天进步多少。

第四，与自己的终极目标比。按照现在的路径和速度，能够完成一个三年或者两个三年内在细分领域数一数二的目标吗？

如果答案都是可以接受的，说明我们在进取，否则，就是不够进取。

2.1　机遇总是垂青有准备的人

人的命运是由多方面因素决定的，既有人自身的努力，也有机遇的影响。有人认为自身努力重要，有人认为机遇重要。我的观点是：在既定情况下，或者说对一个具体的人、一个具体时期而言，机遇对于人的命运起决定性的作用，但人可以通过自己的努力每时每刻改变自身的既定情况，从而影响机遇。

有机遇且能抓住机遇的人，都成功了；有才华有能力但一直没有机遇的人，都在默默的苦苦挣扎中，怀才不遇。

如何才能有机遇以及抓住机遇呢？机遇会垂青什么样的人呢？

我认为关键是三点，这三点也是我们努力改变自身既定情况的三个着眼点。

第一，机遇垂青好人。

所以我们必须做一个好人，只有你是好人，物以类聚、人以群分，好人才会引你为同类，才会愿意和你合作，与你合作就是给你机会。这个世界，总是好人占大多数。如果大多数的人都愿意给你机会，你的机遇自然多。

第二，机遇垂青有准备的人。

所以我们必须时刻努力做好准备，同样一个机会来临，谁能抓住、谁抓不住？显然，那些有准备的人更能够抓住机会。

这种准备，既有能力上的，也有心理上的。能力上你是否具备抓住这个机会的能力？心理上你是否做好了随时迎着机会而上的准备？你敢不敢跳出来说"我来"？当然，这里我们所说的能力，既包括智商也包括情商。一个只有智商没有情商的人，一个不知道如何与人相处、不知道如何团结人使用人的人，在我看来是没有能力的。

虽然我认为能力大部分是天生的，但是后天的努力也是会有效果的，所以那些喜欢读书、愿意学习、知道努力的人就是在不断提高自己的能力，就是在为机遇的来临以及抓住未来的机会做准备，最终机遇一定会垂青他们。

第三，机遇垂青愿意分享的人。

要做一个愿意分享的人。如果你是一个愿意分享的人，别人一定也愿意与你分享。如果你是一个有好处只想着自己多吃多占甚至独吞的人，没有人会愿意与你分享。没有人愿意与你分享，也就意味着有机会他们会去找别人而不是来找你，你自然就机会很少。

如果套用内因外因的说法，个人努力是内因，机遇是外因。我愿意相信，虽然在内因既定的情况下外因起决定性作用，但我们是可以让内因不既定的，因为我们可以通过个人努力不断改变既定的内因，让内因不断变化，最终来更大程度地把握自己的命运。

在这个问题上，那些更相信内因（个人努力）起决定性作用的人是乐观主义者，他们更接近赢家心态，自信、自主、自强，他们的结局也更接近赢家；那些更相信外因（机遇）起决定性作用的人是悲观主义者，他们更接近输家心态，依赖外界、抱怨外界，结果往往是输家。

我个人的主张介于两者之间。我认为对成功而言两者都非常重要，缺一不可，缺哪个，哪个就是决定性因素。在实践中，重要的不是纠结两者孰轻孰重、孰先孰后，而是知道自己该怎么做。

正确的做法应该是：首先承认在个人情况既定的条件下，机遇起决定性作用，同时相信通过个人的努力可以不断改变个人的情况，最终改变自己的机遇。

2.2 画蛇添足的改进，不如不改

很多时候，产品的开发者都忍不住要"炫技"，他们会认为自己的好想法、好技术如果不应用到产品中去，太浪费了。就如同文人，如果想到了一句好诗、一个好典故，必然会将之用到文章中，甚至为了用它不惜写一篇文章，不会顾及该篇文章是否需要这个诗句、那个典故，也不会顾及那个绝妙诗句是否词达意、文应景。

不能"为赋新词强说愁"，不能为了创新而创新，对于用户体验很好的设计不应该改进，对于能够达成目标的方法不应该创新，过度的创新效果适得其反，画蛇添足的改进不如不改。

大多数组织中，更换一个人往往就意味着他以下所有的人都可能被他更换。所以，如果一个部门能够达成预期目标，就应该尽可能不换人，除非我们认为这个人无法领导该部门达成目标。

关于产品的创新和改进，十几年前做商务通的时候，我提出过两个原则。

一是尽量不要去改变用户的使用习惯，尤其是在可变可不变的时候。因为改变用户的使用习惯是天底下最困难的事情，每一点点改变都意味着用户的流失，如果可变可不变，当然应该不变。

另一个原则是，把 90% 的用户 90% 情况下不会用到的功能去掉。任何一个产品都不可能满足所有人，如果为了满足剩余的 10% 用户在 10% 情况下的需求，势必把产品变得复杂、低效，也会提高成本，得不偿失。

　　对于领军人物而言，我们固然要鼓励创新，但是首先要做一个实用主义者。我们必须清楚，这个世界上很多东西不能创新，例如用嘴吃饭，例如饭要一口一口吃、路要一步一步走，然后再看一看用户是否需要，看一看我们现有的东西能够满足用户需要到什么程度，看一看我们现有的东西能否让我们达成目标。如果必要，再挥动创新的大斧。

　　当然，需要创新的时候，必须坚决创新。

2.3 人生重要的是不维持

成功路上，坚持是必须的，维持是没有意义的。

正确区分坚持还是维持，是成功的基础。如果是坚持就继续，如果是维持就迅速放弃，这是成功的不二法门。

那么，如何区分坚持和维持呢?

简单说，如果方向是错的，就是维持;如果方向是对的，但是超出你的能力和资源范围，也是维持。

在人烟稀少的地方开一个小餐馆，再努力也不可能生意好;一个大学毕业生创业，想做一家 Space X 一样的公司，不论努力多少年结果应该都差不多。

所以，不要相信那些"坚持就会成功"类的心灵鸡汤。如果业务停滞不前，重要的不是加把劲儿埋头苦干，而是停下来想清楚"我到底是在维持还是在坚持"。

没有希望的努力就是维持，有希望的努力就是坚持。

经济学上有一个非常重要的概念:机会成本。当你把时间投在一件事上时，你必然需要放弃其他所有事情，你放弃的事情就是你的机会成本。

降低机会成本，才是我们的正确选择。而维持，是机会成本最大的一种选择。苦苦支撑、勉力维持时，你没有任何成功的可能;相反，如果你迅速放弃，不管选择其他哪种机会，都有可能成功。

现实生活中，很多人其实不是不知道自己在维持，不是不知道应该放弃，但是很难做到，一半是出于侥幸心理，幻想着是不是再维持一段会发生转机，一半是出于恐惧心理，不敢放弃熟悉的领域。

这就是赢家和输家的分界线：能不能认知清楚维持和坚持，该放弃时能不能果断放弃。

现实中另外一个常见的错误是，当我们已经确认是在维持，决定要转型时，不够果断，不够"狠心"，用了太长的时间。如果转型，长痛不如短痛。时间是最大的成本，慢慢地转型不但花费的成本和费用比急刹车式的放弃要多几倍，而且会大大贻误新的战机。

战场上，一个重要的原则是，不要进入一个你没有机会获胜的战场。

如果我们能够从一开始就深入审视目标和资源，避免进入一个我们只能"维持"的战场，获胜的机会就会倍增；如果我们在战场上能够及时发现形势已变，发现我们进入了"维持"状态，果断放弃或者转型，就多了很多最终获胜的机会。

维持和坚持，一字之差，差别十万八千里，慎之。

2.4 使出你的洪荒之力去求援

工作中、生活中，每个人都可能遇到自己的能力解决不了的问题，这时候应该怎么办？

有三种可能。

有的人会放弃，在他们看来，遇到解决不了的问题而达不成目标是正常的，他们已经尽力了，所以没有责任。这种人属于可恨之人，也是对组织危害最大的。这种以过程正确和自己免责为目的，而非以达成目标拿到结果为目的的工作方法，是组织巨大的隐患和内耗。

有的人会自己埋头努力，明知遇到的困难已超出自己的能力，但还是幻想通过自己的坚持甚至运气能够解决，他们决不放弃，会一直努力到最后时刻。但他们不会去求援，或者想不到，或者好心地"不想给领导添麻烦"，或者偏执地认为求援是一件很丢脸的事情。这种人属于可怜之人，好心办坏事，既可怜也可恨。

有的人会第一时间求援，想方设法搬出上级来帮助解决问题。

遇到自己能力解决不了的问题，及时求援是唯一正确的做法。

相信很多人都看过那个著名的段子，一个德国父亲要求 7 岁的儿子竭尽全力把院子里一块 30 公斤重的大石头举起来。

当然，这个重量一个 7 岁的孩子绝对不可能举起来。孩子使出吃奶的劲儿，并且试验了所有的工具，最后告诉父亲，他做不到。父亲的回答是，你没有竭尽全力，因为我就站在你身边，你并没有向我求援。一个儿童花再多时间做再多努力也无法举起的石头，对于一个成年人而言却是轻而易举的事情，如果求援了，你可以做到。

我们强调人应该进取，自己的任务应该自己竭尽全力去完成。但是，真正的竭尽全力有三重含义，竭尽自己的全力，竭尽自己的资源，竭尽全力地求援。

我们的唯一目标是胜利，靠自己的力量取得胜利，或者靠上级的支援、靠友军的帮助取得胜利，都是胜利，很多时候与失败相比，后两种的含金量更高，后两种胜利往往对全局贡献更为巨大。

成功就是成功，失败就是失败，只要失败了就是巨大的损失，而且往往还会拖累全局。这个道理在军队中被贯彻得最彻底：行军作战，遇到攻击时，所有指挥官的第一反应一定是向上级报告；如果敌军强大，自己无法取胜时，所有指挥官的第一反应一定是向上级求援。古今中外所有的军队作战莫不如此，因为军队很清楚，我们的目标是取得胜利，一旦失败就意味着死亡，所以自己能够取得胜利当然最好，一旦自己力不能及，一定会第一时间寻求增援，甚至为了加大取胜的概率都会第一时间寻求增援。

对于军队而言，天然就认为获取战斗的胜利需要靠的是整体的力量，自己单打独斗的战斗力是有限的，绝大多数的胜利靠的都是三军联动和及时增援。滑铁卢战役最胶着的时刻，双方都在苦熬等待增援，结果先赶到战场的不是拿破仑一直翘首以盼的己方元帅内伊，而是反法联盟的援军普鲁士军队。可以说，惠灵顿的胜利是得到支援的结果。

不给领导添麻烦是一种美德，因为工作是你的，不是领导的，但自己解决不了还不去麻烦领导就是愚蠢。

而且，这种不及时求援本质上是不负责任的。你的失败会拖累全局，导致整个团队的努力付之东流。而你的失败本可以避免，只要你及时求援。

组织中有三种角色，上级、下级和同事。对下级而言，上级的作用有三个：把握方向、提供支援以及协调资源。这三个职能是上级的使命，也是下级力所不及的。很多情况下你自己花上十天半个月费了九牛二虎之力也解决不了的问题，也许就是上级一个电话、一句话的事。你不求援，是你愚蠢，也是陷上级于愚蠢，陷全局于危险。

所以，拉卡拉企业文化中的十二条令专门规定要"及时报告"，核心价值观"进取"中专门明确，"竭尽全力求援"才是进取。

记得电影中的镜头吗？国民党军官在电话里声嘶力竭地呼喊"看在党国的分上拉兄弟一把吧"。请记住，遇到自己能力解决不了的问题，及时求援才是真正的进取，能够求援成功才是本事。没有使出洪荒之力求援而导致的战败是愚蠢的，更是不负责任的。

3. 有态度就是激情

所谓激情，就是对自己的工作充满热情，永不言败，勇争第一。

激情，体现在对责任的理解和对工作的态度上。

我认为责任分五个层次：第一层责任履行职责，第二层责任解决问题，第三层责任防区延伸，第四层责任关注结果，第五层责任关注目的。有激情的人从来都认为自己应该担当第五层责任，没有激情的人最多担当到第二层责任。

第一层责任，履行职责。当一天和尚撞一天钟，朝九晚五，到点就敲钟，过点就下班，下了班就与我没有半毛钱关系了。企业中，能够胜任这种责任的，也就是操作类普通员工而已。

第二层责任，解决问题。敲钟过程中，发现钟不响了，能够自己想办法或者找上级求助把钟修好，继续当一天和尚撞一天钟。企业中，这种人可以当一个小头目，但最多担任部门负责人而已。

第三层责任，防区延伸。敲钟过程中，发现旁边的钟不响，或者发现自己的上游或者下游有问题，没有做好他们自己的事，能够提醒对方，甚至帮助对方解决问题，带动大家一起履行职责。企业中，这种人可以胜任部门负责人，甚至分管一两个部门。

第四层责任，关注结果。一边敲钟，还一边时刻关注自己敲的钟是不是能够达到上级要求的指标，如果不能，时刻准备主动调整，因为他知道达成上级要求的指标是第一位的，没有达成就等于没做，没有任何意义。企业中，这种干部已经接近独当一面的领军人物的水平。

第五层责任，关注目的。不但关注自己的敲钟是否可以达到上级要求的水平，还关注上级想干什么，关注自己敲的钟是否能够帮助上级达成他的目标，如果不能，就要和上级谈论是否马上调整。企业中，这种人是天生的领导者，绝对的领军人物，可遇而不可求，这种人物成功几乎是必然的，差别只是早一点成功还是晚一点成功，在 A 上成功还是在 B 上成功。

人对了，事才能对；人不对，事不可能对。人不对，总要出问题的，不是在此时就是在彼时，不是在此事就是在彼事。所以，选对人是成功的前提。

有激情的人未必对，没有激情的人一定不对。一只羊带着一群狮子，打不赢一头狮子带着一群羊。一个没有激情、认为不可能赢的指挥官，即便带着百万雄兵，也不可能打赢。

3.1 越是年轻人，越要敢冒险

工作中，总有些人喜欢以未来的不确定性以及风险来质疑现在的作为，这是非常常见的捣糨糊，即说得都是对的，但都是毫无意义的废话。

不确定性和风险永远存在，但发生的概率有多大？如果发生了，有没有办法解决？成功解决的概率有多大？如果万一最终解决不了，对我们造成的最大损害有多大？是不是致命的？不想清楚这些，只讲未来的不确定性和风险，就是有害的正确的废话。如果干扰了现在的行动，就是捣糨糊。

工作中，你存在的价值是替上级解决问题，而不是质疑上级的决策。任何一个想法都会有利有弊，并且有执行中必须克服的困难甚至是"看似不可能克服的困难"。作为下属，你的职责是解决这些困难，实现上级的想法，这是你存在的理由和核心价值，而不是上来就去跟领导讨论他的想法有问题。

对于一种情况发生的概率、发生后成功解决的可能性以及后果不求甚解，只是提出问题，是看似负责任的不负责任。这种思维方式的人，追求的是免责：我提醒过了，到时候如果发生不是我的责任，而且恰恰凸显我的先见之明。

另一种不负责任是不作为，不作为就意味着放弃努力、听天由命，最终面临的很可能是最坏的结果。

越是年轻人、越是小公司，越要敢于冒险，因为我们方方面面都不如那些领先者，若再不愿冒险、不敢冒险，我们将毫无机会。一件事情有 50% 的胜算就应该开始干了，如果有 60% 的胜算就应该全力以赴，如果有 70% 的胜算，原则上已经不是你的机会了，如果有 90% 的胜算，那就一定不是你的机会了，如果想等到 100% 的胜算，那只能是上帝的事了。

这个世界上从来不存在完全的确定性，也不存在只有好处没有坏处的选择，我们所做的一切就是权衡利弊，两害相权取其轻，趋利避害，如果一味夸大不利的因素，只会影响判断。

悲观主义者注定无法成功的原因在于，他们总是把未来的不确定性和风险无限放大，而现在不作为。

正确的做法是，决定做任何事情之前，测算一下如果失败了最坏的后果是什么，如果出现最坏的后果，我们不会死去，而且还能留一点点"东山再起"的火种，风险就是可以承受的，就应该大胆行动。

大胆行动吧，我们失去的只是锁链，我们获得的将是整个世界。

3.2 你和公司不见外，公司才会和你不见外

所有人都希望自己被公司当作自己人，可以长期在公司工作，职位越来越高、收入越来越高，但并不是每个人都可以做到这一点，差别就在于态度，你自己对待工作的态度决定了公司对待你的态度。

态度决定一切。这是当年米卢接掌中国足球队之后时时刻刻挂在嘴边的一句话，并且把它印在了自己的帽子上。短时间内让原班人马的中国男足首次打进世界杯决赛圈，米卢的"灵丹妙药"就两点：一是快乐足球，告诉球员们要享受足球的快乐，用享受快乐的心态去踢球；二是态度决定一切。

其一，要享受你的工作。

现代社会选择余地已经大很多很多了，不是几十年前那种要编制要户口的状态，不管喜欢不喜欢都必须在一个工作上做一辈子。现代社会，每个人都应该有机会选择自己喜欢的工作，选择了就一定要用心、用热爱去对待，一个不喜欢工作的人是不可能做出好的工作业绩的。

其二，态度决定一切。

经济学家弗里德曼说，花别人的钱做别人的事，既不讲效果也不讲节约。这就是人性，这就是态度的差别。

态度决定一切，态度的核心是有没有心，做事用不用心。

用心，可以分为三个境界。

第一个境界，责任心。

判断有没有责任心非常简单，就是看一个人做工作是不是像做自己家里的事情一样，如果一样，就是有责任心，如果不一样，就是没有责任心。

这是人性问题，对于家里的事，每个人都会有责任心，既关注结果也关注性价比，遇到困难会竭尽全力去解决。

第二个境界，上进心。

没有责任心的，一定没有上进心。有责任心的，可以分为两种，有上进心的和没有上进心的。

有上进心的，不用扬鞭自奋蹄，不需要有人督促，他们自己就会认为如果做不好很丢人。有了上进心，就会把今天的高点当作明天的起点，不断进步；如果没有上进心，就会得过且过。

第三个境界，事业心。

有责任心、有上进心的人又可以分为两种，有事业心的和没有事业心的。

有事业心的人，有着强烈的使命感，他们天生就认为自己是要做大事的，是被别人需要的，有些责任是只有他们才能够担当的，而且他们一定会自告奋勇去担当。

只有志存高远，有事业心，才可能取得大成功。如果鼠目寸光、小富即安，是不可能成就一番事业的。

能力可以培养，态度基本上是天生的，七分先天三分后天。

即便只是一个基层员工，若有责任心、上进心和事业心，就不会永远只是一个基层员工；反之，即便是高层干部，即便有责任心，若无上进心和事业心，也不会是一个胜任的高层干部。

3.3 你的最小时间单位，决定了你的最大成就

有的人做事很磨叽，凡事到了他们手里，节奏立刻就会慢下来，任凭你如何着急，他们就是慢吞吞；有的人做事很麻利，不管多棘手的事情到了他们手里，总是三下五除二就有显著效果。

差异在于两者的最小时间单位不同。

每个人都有自己默认的最小时间单位，有人是月，有人是周，有人是天，甚至有人是小时。

你的最小时间单位决定了你的最大成就。

以天为最小时间单位的人，效率最高，做事最快，因为他们思考的永远是"明天就要如何如何"。以月为最小时间单位的人，效率最低，做事最慢，因为他们思考的永远是"下个月如何如何"。

最小时间单位，代表的是一个人对生命的态度是积极还是消极，是进取还是随遇而安，是重视结果还是不重视结果。

态度基本上是天生的，后天很难改变。态度正确的人，不用扬鞭自奋蹄；态度不正确的人，即便在上级眼皮底下也会想方设法偷奸耍滑。

考察态度有很多标准，最小时间单位是一个重要标准，最小时间单位越小，越趋近态度正确。

必须杜绝团队中那些以月、以周为最小时间单位的人，他

们是团队中的破坏力量，会让团队的节奏变慢，效率变低；必须鼓励团队中那些以天、以小时为最小时间单位的人，他们是团队的促进力量，如同鲶鱼一样让团队变得积极奋进，效率和战斗力倍增。

精
进
有
道

3

执行能力就是
有素质

人分两种，一种是老天爷赏饭吃，他们是天才，悟性奇高，可以自己演绎、归纳，形成自己的认知体系和能力。对这些人而言，我们祝福他们，但不要羡慕他们，也不要指望自己可以成为他们；另一种是祖师爷赏饭吃，这是绝大多数人的状况，需要通过后天的努力学习来掌握一些能力。

能力也可以分两类，一类是技能型能力，掌握一种能力解决一种问题；一类是素质型能力，这是母能力，掌握了可以让人举一反三，不断自己衍生出各种技能型能力。

人最重要的是潜力，一个有潜力但目前业绩不好的人，比一个目前业绩很好但是没有潜力的人重要得多。

有素质就是有潜力。

在拉卡拉，我们界定的有素质的标准有三个：十二条令、懂管理和会经营。

十二条令，是人最基础的素质，也是一个衡量员工靠不靠谱的核心指标；

懂管理，是中层干部的基础素质。在拉卡拉，懂管理特指能够掌握管人四步法和管事四步法来管人和管事。

会经营，是高层干部的基础素质。在拉卡拉，会经营特指能够掌握搭班子、定战略、带队伍的经营三要素。

本书因为针对的是职场人士，所以对懂管理和会经营部分不做展开，读者如果有兴趣可以参看我的另一本书《有效管理的 5 大兵法》。

1. 有素质就是十二条令

纪律，不是要把每个人都变成一个只知道听将令的零件，而是为了打造当兵作战能力、让队伍形成整体合力以及达成彼此的协同。

军队是承担最艰巨战斗任务的组织，时刻面临生死，所以军队的组织一定是以效率最高、效果最好为原则的。

军事上，对每个作战部队的第一个要求是一切行动听指挥；第二个要求，是必须完成任务；第三个要求，是保持沟通。例如每支部队到达一个地方的第一件事就是向上级报告自己的位置以及敌情，遇到任何状况也是第一时间要报告给上级，遇到困难、寡不敌众，要第一时间求援等。

这些纪律，保证军队招之能来、来之能战、战之能胜。

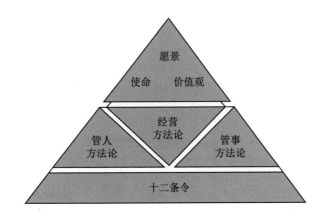

十二条令，是企业长期经营实践中我总结提炼出来的，是现代企业经营中每个成员必须要做到的职业素养，涵盖了指令、行动、沟通、汇报四个方面，是拉卡拉的三大纪律、八项注意。

　　十二条令在生活中也同样有效，任何一个人，如果能够做到十二条令，就是一个靠谱的人，一个强者，一个人生赢家，真实不虚。

　　十二条令，

　　关于指令：确认指令，及时报告，亲撰周报；

　　关于行动：说到做到，保持准时，解决问题；

　　关于沟通：日清邮件，会议纪要，写备忘录；

　　关于汇报：三条总结，一页报告，统计分析。

1.1 会议的目的就是会议纪要

每一天我们都要开很多会，但是很多会议往往开完就结束了，不重视会议纪要，也不重视会议事项的后续落实，效果并不好。

高效会议有三个要诀。

其一，人要少而精。会议的议题一定要提前通知，并且提前发出相应的资料。参会者一定要少而精，可参加可不参加的人不要参加。人多嘴杂，参会人多了，讨论效果会大打折扣，往往是该发表意见的人没机会表达，不该发表意见的人占据话筒、夸夸其谈。而且，很多意见不适合大范围讨论，既不利于保密，也不利于表达。

其二，会议要有主持人。进程中主持人要发挥引导、组织、裁判等作用，引导大家紧紧围绕会议要解决的问题展开讨论并得出结论。人的本性是很容易被过程带着走。很多会议大家东一句西一句，东联想一个、西发挥一个，在离题万里和扯闲篇中消耗了大量的时间，最后时间到了，草草结束会议。要想会议有成果，必须有会议主持人，必须时刻盯着会议议题，引导每个人都发表意见，同时提炼总结和引导大家得出结论。

其三，参会的最高领导要亲自审定会议纪要。一个完美会议的完美结果是一份完美的会议纪要，开会的目的就是要形成会议纪要。要安排水平足够高的人做会议记录，而且参加会议的最高领导必须亲自审定会议记录，对会议记录进行修改、总结、提炼、补充，形成会议纪要。

会议纪要的核心：

第一，结论。对于有结论的事情，列出明确的结论作为后续工作的前提。

第二，后续行动计划。对于会议决定要做的事情，列出负责人、进度表以及考核点。

很多时候，会议的唯一目的就是出会议纪要，会议只不过是一个集思广益或者得出结论的过程，遗憾的是很多管理者不重视会议纪要，不但不亲自写、不及时写，甚至不关心有没有人写以及写成什么样，导致会议的成果没有被记录下来，更别谈落实了。

管理上的很多问题，都是差之毫厘、谬以千里。就会议而言，所有的管理者都把开会作为重要的管理方法，但是开会不得法，没有结果等于没开。

1.2　及时报告是个好习惯

南辕北辙，是最可怕的事情，也是我们工作中必须首要避免的事情，因为这时候你越努力，就意味着错误越大。

造成南辕北辙的原因有三种：

其一，上级要求往南，执行人理解错误，以为要求是往北；

其二，上级要求往南，执行人也准备往南，但是选路的时候错选了向北的路；

其三，上级要求往南，执行人也准备往南，起步的时候也是往南，但是走的过程中越走越偏，结果走向了北。

如何避免呢？

方法就是要"及时报告"，这也是拉卡拉五行文化中十二条令的一条。

联想企业文化中讲"对表"，也是要求上下级之间每隔一段时间要碰一碰工作思路和进度。

"及时报告"可以避免上下级之间的信息不对称，让上级在起步阶段和过程中随时帮助你把握方向，避免跑偏。很多时候，一边是上级等结果等得很心急，一边是等到下级把结果交上来才发现，下级忙得焦头烂额做出来的东西根本不是上级想要的。

"及时报告"的另一个好处是可以及时借助到上级的资源。上级意味着更高的能力以及掌控更多的资源，很多时候，你费尽周折想认识的人也许对上级而言只是打电话给一个老朋友而已，你死活也调动不了的资源对上级而言就是一个指令。

一般工作有四个重要节点，如果在每一个节点上都能够及时报告，不但可以避免犯南辕北辙的错误，而且可以最大限度地提高效率，以及整合资源。

第一个节点：目标的确认。

在拉卡拉，我们还有一个词叫"画蓝图"，即像画建筑效果图一样，把根据计划完成之后的效果和上级确认。

上级部署了任务，当时或者准备开始干之前，一定要和上级确认目标，避免双方对目标的理解不一致。

第二个节点：计划的确认。

确认方向之后，回去思考执行计划，一旦计划确定，还是要第一时间和上级"对表"，确认上级对计划的要点，例如路径、时间节点等的认同。

第三个节点：里程碑的确认。

很多人有一个很不好的习惯，就是总是等到工作都做完了再拿给上级看，如果你做错了呢？

计划的执行中，应该在每个里程碑式的节点上都和上级确认，框架、初稿、模型等，每一个里程碑式的节点，都要让上级知道。一方面是要确认你在努力达成的结果是上级想要的；另一方面，上级的想法也是一个不断完善的过程。也许此前确认的事情经过一段时间，或者根据执行情况上级的想法改变了，如果不随时沟通，就会南辕北辙。

第四个节点：结果的确认。

这一点一般都能做到，最终完成的结果，要和上级确认。

"及时报告"就如同户外活动中的 GPS（全球定位系统），这是确保我们在正确航线上的唯一方法。2008 年，我带领全体中层干部去戈壁进行了一次百公里徒步。戈壁中，没有任何地形地貌，全靠 GPS 导航才能走到每一天的营地。这时候，走一段用 GPS 确认一下是否在航线上就变得非常重要了。结果真的有人不这样做，对自己的方向感非常自信，埋头走了一个多小时才想起来用 GPS 校验，结果发现完全走偏了。原本走在第一的，结果最后一个到达目的地。

方向这事，差之毫厘、谬以千里。开始时有一个小小的偏差，走两个小时之后就会偏离目的地数公里。

很多急性子，接到指令就火速行动，殊不知，把事情做对的前提是做对的事情，如果目标不是上级想要的，如果方法不对，你越努力，错误越大。

只有在每个节点上都"及时报告"，及时确认，避免南辕北辙，才能到达目的地。

1.3 沟通要对人说人话

沟通是为了让对方接受，所以，沟通最重要的是对人说人话。

所谓对人，就是对象不同，场合不同，说法不同。

差的提案人，不管听众是谁，也不管他们关心什么，一味地照本宣科，读自己的 PPT（幻灯片）；而好的演讲者，一定会根据听众的不同讲述不同的内容，甚至会用完全不同的语言和方式。

所谓对人，就是要把沟通对象当作活生生的人，考虑到他们的喜怒哀乐，考虑到他们此时此刻的"兴趣点"和"痛点"，从中切入，才可能让对方听懂和接受。

所谓说人话，就是不要说套话，不要说官话，不要说自己都不知所云的话。要简单直白，要讲大白话，不要为了措辞的华丽迷失了要表述的内容。记得 1995 年 2 月 8 日我和《北京青年报》联合创办的《北京青年报·电脑时代周刊》创刊。创刊词是我写的，"从现在开始，电脑必将走下高高的神坛，进入寻常百姓家，所以，我们必须在老百姓喜欢看的媒体上，用他们喜欢的语言和方式，对他们讲述有关电脑的一切"。

沟通，最高境界是"复杂问题简单化，简单问题通俗化，通俗问题口语化"，能够深入浅出地表述，就说明我们真的理解通透了，而那些满嘴名词、概念、套话的人往往连自己都

精进
有道

没搞清楚自己想说什么。

写文章也一样，必须考虑读者的习惯，尤其现在是信息爆炸的时代，读者的注意力不会超过 30 秒，如果 30 秒内不能读完，甚至如果 10 秒内不能打动人，读者可能直接就离你而去了。

所以，我反对长文，提倡短文。

在拉卡拉，我们十二条令规定"一页报告"，报告的逻辑必须是先结论再论证，同时给出行动建议。资料作为附件，结论和论证必须在一页纸之内完成。

文章必须在 2 000 字以内，而且用词要浅显，逻辑要清晰。2 000 字是一篇文章的极限，再长的文章很难有人能够读完，若不会被读完，何谈被理解，更何谈被接受呢？

文章必须多分段，而且对重要的内容，要用不同字体标注出来。

写文章的时候必须时刻想着，我们的目的是让读者把文章读完，并且读懂文章的内容以及接受文章的内容。

所以，一篇文章，一次演讲，不但要对人说人话，而且最多阐述三个观点，如果观点太多，也就是说者讲个热闹，听者听个好玩，完了就忘了，没有意义。

1.4 指令清晰才能执行到位

虽然没有精确统计，但我认为，有一半以上的指令没有达成预期结果的原因是，执行指令的人对指令的理解不准确、不到位，并不是做不到，而是做偏了。

简单说，没有达成的指令，有一半以上是因为下达指令的人自己"愚蠢"，完全可以避免。

下达指令时一定要清晰、明确，严格意义上，下达一个不清晰的指令就是渎职。

所谓设定目标的SMART原则，在下达指令时同样适用，即指令必须是：1. 具体的（Specific）；2. 可以衡量的（Measurable）；3. 可以达到的（Attainable）；4. 和其他目标具有相关性（Relevant）；5. 具有明确的截止期限 (Time-based)。五个原则缺一不可。

记得 iPhoneX 准备上市时我让秘书帮我订两台，后来我发现别人的 iPhoneX 都已经用上了，而我的还没有到，一问才知道，秘书是在苹果的官网上预订的，正式的发售期还没到，别人用上的是加价买来的。

做任何事情，我们的目标都是分多个层次的，例如有没有、好不好、贵不贵等，设定目标时哪个在前、哪个在后，不是差别非常大，而是天壤之别。从秘书角度，她选择牺牲一点时间走正规渠道不加价，无可厚非，但我希望的是早一点拿到早一点使用，加一点价无所谓。

所以，这个指令清晰化的下达应该是："四台 iPhoneX，顶配，黑色，速度第一，可以加价，如果加价幅度过大，再请示。"如果指令下达成这个样子，第一绝对不会产生执行中的歧义，第二对执行者来讲也会简单很多。

　　大多数时候我们不会这样严谨地下达指令，有些话会被省略，我们天然地认为执行者应该能够理解我们没有说出口的那些要求。当然，如果执行者水平足够高，是可以正确、全面地理解我们的指令的。或者至少，执行者如果对指令有不同的理解或者对于指令中某些要素把握不准时，能够第一时间主动请示也可以弥补，但那需要赌运气，需要把希望寄托在执行者身上，不大靠谱。

　　同样的下级在不同水平的上级领导之下，其绩效也会是完全不同的。管理好不好、结果好不好，首先考校的是上级的水平而不是下级的水平。上级的水平如果足够高，可以完全弥补下级水平的不足。

　　当然，"确认指令"和"及时报告"也是确保指令达成的重要方法，这也是拉卡拉十二条令的要求。这两个工作习惯可以最大限度地减少指令下达和执行过程中理解上的歧义，避免因为自己的低级错误导致重大的结果偏差。

　　人和人之间的理解天然就是一个难题，因为每一个人都非常自我，他们习惯于从自己的角度或者自己希望的角度理解接收到的信息。更何况现在是一个信息爆炸时代，每个人每天接触的信息、处理的事情都千头万绪，很容易把指令理解偏差。

一个没有被正确理解和接受的指令是不可能被达成的，最可怕的是指令下达者还在等待 A 结果，结果等到最后，发现执行者根本没有去做 A 而是在做 B 和 C，自然没有结果，如果还有其他事情以该结果为前提，那就是灾难性的事故了。

而造成这一切的仅仅是因为下达指令者和执行指令者之间的指令理解问题。

所以，对于下达指令者，必须时刻提醒自己，指令下达要清晰、明确，要把做什么、目标、完成时间、谁负责甚至需要取舍时的原则都明确给出，这是达成指令的前提，也是上级的职责。

看似复杂，其实绝大多数情况下，对于下达指令者而言，只是多说一句话、多写几个字而已，往往就是因为少说了一句话、少写了几个字，对方就理解偏差了。若双方没有建立很好的确认指令以及及时回报这样的工作习惯，指令被执行出偏差甚至达不成期待的结果就是大概率事件。

军事上的问题都是生死攸关的问题，所以军队的效率是最高的，军队里指挥官下达指令后往往会要求下级大声重复一遍指令，以确保指令被清晰完整地理解。

作为管理者，我们要向军队学习，从自己入手，把每个指令都下达得清晰明确。如果自己是接收指令者，要按照确认指令、及时报告来接收和执行指令，这样做会有很大的惊喜。

1.5 下达指令是一门学问

下级执行指令不到位是每个管理者都经常会遇到的问题，是管理上的老大难问题。究其原因，无外乎两个方面：下级的原因以及上级的原因。

从下级的原因看，下级的态度、能力以及工作方法，都会影响执行力。

如果下级工作态度不端正，执行力肯定不到位。很难想象一个不把工作当成自己最重要事情的人，或者一个不以达成目标、达成结果为最终目的的人会有强大的执行力。如果下级工作能力不足，必然执行力不到位。当然，下级的工作方法若不得法，同样会减弱执行力。正确的工作方法，不但自己要竭尽全力，要掌握思考问题以及解决问题的方法，还要会管理自己的上级，发挥好上级的作用，来帮助自己更好地达成目标。工作方法有问题，执行力自然有问题。

但按照我"寄希望于自己"的理念，我认为解决执行力问题首先应该从上级身上找原因。作为上级，至少在三个方面会直接影响执行力。

第一，指令是否足够清晰。给出一个不清晰的指令，期待下属心有灵犀，相当于听天由命，必然大大削弱执行力。如果下属领悟不到位并且不知道及时与上级沟通，就可能集中全力走向了错误的方向。你的指令自然没有结果，所以指令必须清晰。指令清晰是执行得力的前提，一个清晰的指令应该包括时间、地点、人物、事件，什么人负责，做什么事情，在什么时间应该达成什么样的结果，甚至投入控制在什么范围之内，都应该明确包括在指令之中。当然，如果你的上级在给出指令时没有明确这些要素，你应该在确认指令时，自己把这些要素设定清晰并请上级确认，不要接到指令想当然就开始执行。至于下达指令时是否要给出到达目标的路径建议，我认为各有利弊，如果不给出路径建议，可能下属会不知如何去做；但如果给出路径建议，某些变通能力较差的下属或敬畏你的下属，很可能会按照你建议的路径去做，放弃对其他路径的思考。一旦你建议的路径不通，他们就会达不成目标，虽然你下达指令时提示的建议路径只是建议而已。这是管理上非常让人恼火的事情，但也是极其常见的一种情况，所以是否给出路径建议见仁见智。我现在倾向于不给出路径建议，逼着执行人自己去思考，但如果执行人希望讨论路径，我一定会积极配合。

前一段时间我看到一篇很好的文章，于是转发给我们 T300 干部群，要求大家每个人写读后感，我还特意标注了截止日期、字数要求，以及读后感中应包含一个自己工作中的具体事例。如此简单的事情，如此清晰的指令，300 多人中还是有相当一部分人没有执行到位。当然绝大多数人在交稿时间、字数上都达标了，但具体事例很多人没写，少数人列举得不贴切，体会不深入，也许是因为大家工作太忙或者觉得此事没那么重要吧。试想一下，如果我只是要求每人写一篇读后感，交回来的将会是怎样五花八门的文章。

第二，下属是否可以胜任。你指派的下属是否有能力完成这个指令？把任务交给不能胜任的下属，本身就是非常大的失职甚至是渎职，危害非常巨大，首先是指令不可能被达成，其次会影响全局，最后会造成人力物力资源上的浪费。

第三，指令下达之后的管控。如果下达指令后就放任自流、坐等结果，那相当于把自己的命运寄托于下属，这也是非常不负责任的管理方法。

所以拉卡拉执行四步法要求"设目标、控进度、抓考评、理规范"，"控进度"要管一层看两层，不但要关注下属的动态，还要了解下属的下属在做什么，并且要通过周报等方式来确保信息沟通，这么做都是为了执行力。

管理是一门实践科学，想到只是开始，做到才是目的，做到的前提是想到，做到的基础是执行力，只有指令清晰，才可能执行得力。

2. 有素质就是懂管理

管理是一门科学，有规律可循，虽然掌握了规律和原理不一定能够成功，但是如果没有掌握规律和原理一定不可能成功。

在拉卡拉，我创造了两个企业管理方法论：管人四步法和管事四步法。

通过设目标、控进度、抓考评、理规范四步法来管人，通过先问目的、再做推演、亲手打样、及时复盘四步法来管事。

实践证明，虽然这不是唯一正确的，但的确是简单、有效的管人和管事方法。

任何事情，唯有简单才可能被理解，唯有被理解才可能被践行。高手，都是可以把复杂问题简单化、简单问题庸俗化、庸俗问题口语化的人，大道至简，凡是把问题搞得很复杂的，都是一瓶子不满、半瓶子咣当的人。

我创造的管人方法论和管事方法论，不是为了创造而创造，而是从实践和理论研究中总结出来的，特别适用于中国企业管理。我认为，大家拿来使用即可，没有必要去追求自己顿悟，或者一定要标新立异。

掌握了管人四步法和管事四步法的人，是有素质的人，是有能力的人，可以胜任中层管理职责。

管理能力不但在工作中需要，在生活中同样处处需要。

2.1 做中层干部还是领军人物，取决于这两本"经"

佛法非常高深，只有释迦牟尼懂，怎么样才能让广大的信徒都学明白和践行呢？

于是有了佛经，佛经是释迦牟尼对佛法的讲解，以及给出的修炼法门，信徒们可以通过研习佛经来体会、领悟佛法。

对于更广泛的人而言，读不懂佛经或者不识字怎么办呢？

于是佛教设计了戒律，"五戒""八戒""十戒"，只要照着做，就是在践行佛法的路上。例如"不杀生、不偷盗、不邪淫、不妄语、不饮酒"等，这是人人都懂的，修行就是考校你能不能做到，如果做到了，也就在接近佛法的路上了。

由此可见，佛法、佛经、戒律是一个有机整体。对佛法而言，佛经是佛法的落地方法，戒律是佛经的落地工具；对信徒而言，戒律是修行佛法的入门，佛经是研习佛法的路径。

同理，企业经营和管理的最高境界是用企业文化管理公司，一个完整的企业文化同样应该包括自己的法、经和律三个层面。

企业文化的法是使命、愿景、价值观，这是企业文化的核心。

使命，是我们存在的意义，是我们存在的目的，是我们与生俱来的责任。

愿景，是我们中长期的奋斗目标。

价值观，是我们信奉的最高是非标准。

使命、愿景、价值观是我们企业文化的核心，是我们企业所有成员共同信奉并努力的方向，是我们志同道合中的"志"，是我们信奉的"法"。

我们所做的一切，就是为了践行这个使命、愿景、价值观。

为了使命、愿景、价值观这个"法"落地，我们还需要一些"经"来讲解"法"，并给出践行"法"的方法。

在拉卡拉，我们有两本经：一本是管理方法论，一本是经营方法论。

管理方法论是"基础版本的经"，给中层干部用，内容是管事四步法和管人四步法，教你如何按照拉卡拉的使命、愿景和价值观来管事和管人。

经营方法论是"高级版本的经"，给高级干部用，内容是经营三要素，就是柳传志先生的搭班子、定战略、带队伍，教你如何按照拉卡拉的使命、愿景和价值观来经营公司。

同样，对于所有员工，我们给出了"律"，即拉卡拉十二条令，对于指令、沟通、思考和行动做出了十二条规定。不要问为什么，照着做就是了，做了就是在践行我们的使命、愿景和价值观。

而且，就像清规戒律是所有信徒不论高低贵贱都要遵守的一样，十二条令是拉卡拉所有员工、中层干部、高级干部都必须要遵守的，级别越高，越应该严格遵守。

用文化管公司，就是建立起从法到经以及律的体系，即建立起从使命、愿景、价值观，到管理方法论和经营方法论以及十二条令的企业文化体系，然后天天讲，以身作则，融入业务，将之作为终极尺子来衡量一切、管理一切。

管理是一个方法问题，有方法就能达成管理目标，没有方法，天天讲也没有用。如果我天天跟你讲佛法，但是没有佛经，没有戒律，对于很多人来说，讲多少遍也是没有效果的。

对管理者而言，不但要提出"法"，还要给出"经"和"律"，以身作则并融入业务，才能锻造出一支主人心态、结果导向、志同道合的队伍。

对于公司每个员工而言，做到"戒律"（十二条令）是最基础的，否则就不可以留在公司；若还能掌握基础版本的"经"（管理方法论），即可胜任中层干部；若再掌握了高级版本的"经"（经营方法论），那就是证悟了"法"之人，可以担任领军人物。

2.2 一把手必须亲自打样

拉卡拉企业文化中有一个非常重要的理念：要求一把手亲临前线指挥，例如"亲手打样"、"师长要兼任主力团团长"等，其核心是要求项目所涉及的各个部门中，级别最高的负责人要冲到业务的最前线做决策、做指示，包括项目立项、项目决策、第一次商业谈判等。

军事上，因为存在生命危险，所以并不是很赞成最高指挥官率领敢死队冲锋，甚至不赞成最高指挥官亲临前线指挥部指挥，理由是一旦最高指挥官阵亡，对整体而言会是巨大的损失，这是对的。

但是企业经营上，因为并无生命危险，最高指挥官必须亲临一线。更何况，自古以来，所有优秀的军事统帅固然很少亲临前线率队冲锋，但无一例外都坚持在开战前亲临战场侦察，以获得第一手的资料和感受来做决策。20 世纪末以色列出兵黎巴嫩，开战之前时任以色列国防部长沙龙甚至亲自潜入黎巴嫩首都贝鲁特侦察。

具体业务涉及的部门中职务最高的那个人，必须亲临前线指挥的理由有三个。

其一，有些高度只有一把手才能够站到。

很多思路是由高度决定的，站不到那个高度就看不到方向，要找到走出大山的路，只有站在山顶才能找到，一个人若站在山脚下或者半山腰，做再大努力可能也无法找到出山的道路。企业中，有的高度是职务行为，只有担任那个职务才会有那个高度。

其二，有些事情只有一把手才知道。

企业未来的方向、规划，永远只可能有一小部分被明确地写出来，绝大部分都是极少数人甚至只有一把手才在思考的。

组织中，级别越低，越会被 KPI 束住手脚；越高级别，越有可能关注到 KPI 没有涉及的重大问题。只有一把手才能对新事情、对看似与现有业务关系无关的事情的价值做出判断。

其三，有些资源只有一把手才能够调动。

资金、技术、人才，都是做成事情所必需的资源，级别越高的人调动资源的能力越强。

企业经营，核心就是做对的事情以及把事情做对，无论是决策层面还是执行层面，都需要站在相应的高度，拥有相应的责任和权力。很多事情，掌握相应的资源才可以做到，没有这些，再多的努力可能也无济于事。

我有一个习惯，所有商业合作的第一次谈判，我都尽可能参加并希望对方尽可能高的领导参加，双方的一把手现场确认合作原则、方向、目标等。否则，一轮一轮的合作商谈，其实是低级别的人员在一些并不重要的事情上各自"据理力争"。这是最大的时间浪费和不负责任。

我也有偷懒的时候，认为反正已经有人在指挥处理了，自己就偷个懒不出面，或者不去想细节了。但是事实每每证明，一时的偷懒换来的是下属在不正确的方向上浪费了大量的时间。而这些如果我亲临前线，哪怕只有一次、只有一小会儿，也完全可以避免。不是下属的水平问题，而是高度问题、对信息的掌握程度问题以及公司未来规划问题，这些都是只有一把手才可能了解的。

因此我养成了一个工作习惯，对于需要定方向的事情，一定要最高指挥官亲临前线亲自出手，第一时间给出方向和目标，这是一个事半功倍甚至是几十倍的事情。

2.3 "抓大放小"是一种错误的管理思路

管理不能有死角，否则一定会出现问题，只是时间早晚而已。

管理缺位，是指某个组织或者某件事情没有得到管理，而上级并未意识到。

造成管理缺位有三个原因。

原因一，具体负责人不胜任。因为管理人没有能力履行管理职能，造成该组织或者事情处于没有得到管理的状态。这种情况解决很简单，更换人员即可。

原因二，上下级对授权理解不一致。上级认为是下级的责任，下级认为不是自己的责任；上级认为已经授权下级处理了，下级认为自己没有被授权。这种理解上的偏差导致上级以为下级在管理，下级以为管理不是自己的事。这种情况也容易解决，加强沟通，并且借助一些管理工具可以确保沟通充分。

原因三，抓大放小的错误管理思路。这是最大的问题，一个抓大放小管理思路的管理者，在管理时必然就会留下管理盲区，造成管理缺位。如果上级不是这种思路，但是被授权的下级是这种思路，也会在自己的防区留下管理死角，这种情况比较难解决。

管理缺位的核心危害有两个。

一是必然会出现方向上的偏差。如果任由低层级人员决定方向，必然会出现方向性偏差，因为他们对全局的理解、他们的见识都有局限性，并且他们所背负的 KPI 会让他们屁股决定脑袋。所以，低层级人员如果去做高层级的决策，尤其是战略性的决策，几乎百分之百会做出错误决策。

二是可能会导致整个组织的溃烂。长期处于没有管理的状态，人的自觉性会慢慢懈怠，劣根性会逐渐抬头，最终必然导致整个组织的风气和文化走向混乱，每个问题上差一点，结果就会离题万里。

所以，对于管理者而言，时刻扫描辖区内有没有管理死角，杜绝管理缺位是头等大事。

2.4　先做好规定动作，再谈自选动作

管理应该严格一些好还是宽松一些好？

有人认为应该宽松一些，尤其是高科技公司管理上更应该人性化，甚至以谷歌为例，认为应该推广弹性工作制，鼓励每个人把 20% 的时间拿出来做与本职工作不相干的事情，这种思路在某些创业公司很被推崇。

我的看法是，宽松的管理只是听起来很美，管理必须严格，甚至必须有一点小苛刻，尤其是对于中国的绝大多数企业而言。

中国的职业化水平还是比较低的，我常常感觉很悲哀，因为我现在每天谈论的管理 ABC 问题都是柳传志先生在 30 多年前就谈论到的。30 多年过去了，中国人的职业化水平还是没有根本性改变，大量的人还是很不职业、很不敬业，对不职业、不敬业的人，如果用弹性工作制等宽松管理方式，后果不堪设想。

对于现阶段中国绝大多数企业而言，核心不是创造力问题，而是执行力问题。这也是为什么大多数中国知名企业有很多加强执行力的方法，不论是联想、华为还是万达。我在拉卡拉也强调执行力，甚至我认为蓝色光标这样的创意型企业也应该一样把执行力放到第一位来强调。

任何时候，做好规定动作才能谈自选动作。

做好规定动作是第一位的，规定动作做好了没有自选动作，80分；把规定动作做好了还能够做好自选动作，100分甚至120分；如果规定动作没做好，自选动作做得再好也达不到60分。

管理必须严格，甚至应该有一点小苛刻，原因有两个。

第一，人性的弱点就是松懈。

再严谨的人在四周空无一人的时候也会自我放松几分，而再懒散的人在摄像头之下也会不自觉地自我约束三分。

严格管理，是让下属紧张起来、行动起来的前提。很多管理严格的大企业，员工都有一种战战兢兢的感觉，做任何事情都小心翼翼，千检查万思考，生怕出纰漏，虽然有一点压抑，但这正是那些名企之所以能够成功的基础。我们的企业没有别人大，实力没有别人强，如果我们的员工还比别人的员工松懈，怎么可能有竞争力？

第二，管理效力是逐层递减的。

每经过一个管理层级，管理效力就会递减一些。如果最上层的管理强度是10分，第二层就会衰减到9分或8分，以此类推，层层打折扣，到了基层管理就变成了3分。如果最上层的管理就是标准低、要求松，基层基本上就自由散漫了。

所以，管理上必须高标准严要求，上级必须有一点小苛刻，这才是对下级最大限度的负责任。

所谓严师出高徒，只有严格要求才能让下属不断提高，同时，近乎苛刻的要求也是对下属的一个无形鞭策，强迫他们必须发挥出自己的浑身解数，日日改进，这才是对下属真正负责。如果上级做一个老好人，结果必然是"将熊熊一窝"，最终害了所有的下属。

至于如何在严格管理之下不损失创新力，我相信，两者并不矛盾，有足够的办法可以既有执行力又有创新力。何况，大多数情况下，只要我们做对的事情并把事情做对，就已经赢了，一个赢家会有足够的办法来鼓励创新。

2.5 原则问题，必须第一时间明确表态

法律的原则是，如果警察的权威得不到敬畏，警察就无法履行维护社会秩序的职责，所以必须不惜一切代价，惩罚挑战警方权威的罪犯，这时候成本是完全不需要考虑的。

欧美影视作品中，我们经常会看到这样的情节：与警察冲突时，罪犯中经常有人提醒同伙不要袭警，或者罪犯在准备伤害警察时内心也纠结挣扎，因为他们知道一旦伤害了警察，警方就是上天入地也要惩罚他们。电影《恐袭波士顿》中，为了抓住两个在波士顿马拉松比赛上引爆炸弹的罪犯，不惜动用全城、全州甚至全美的警力，把波士顿翻个底儿朝天，完全不考虑投入产出比。

我曾问过为什么美国的餐馆没有人敢用地沟油、添加剂？美国朋友回答没有人敢这么做，因为政府部门会随时检查，一旦发现，不仅会遭巨额罚款以及判刑，以后也会在全美范围内被终身禁止从事餐饮行业，而且有了这样的"记录"，恐怕永远也不可能找到工作了。

管理上一个重要的原则是惩罚太轻等于纵容，犯罪成本低等于鼓励犯罪。我们现在对于很多"人渣"型的犯罪，诸如虐童、拐卖、黑心食品等反应迟钝，处罚太轻。

当然，某些不想作为的人可以用没有法律依据、需要等待修改法律法规等作为借口。这时，就体现出欧美判例法体

系的优势，可以迅速针对最新情况进行判决并成为今后判决的标准。从管理角度看，即便是在立法没有跟得上的情况下，如果想管，也是完全可以管理的，关键是想不想管以及管理的理念是什么。

对于管理者而言，管理的理念必须是：原则问题必须第一时间明确表态，对于明知故犯、危害全体、挑战道德底线的，必须严惩不贷，"犯我强汉者，虽远必诛"。

2.6　只管人不管事，就是渎职

管理上有一种干部，经常因为太忙管不过来，或者抓大放小，没有关注小问题，让自己的防区出现了管理的空白地带。

这是极其错误的。作为指挥官，不应该让自己辖区之内的任何一寸土地处于无管理状态，同时任何时候都不能放弃指挥权，否则就是渎职。

指挥官的指挥权体现在以下三个方面。

其一，必须接地气。

指挥官必须接地气，必须了解实际情况，必须对辖区里每一寸土地做到心中有数，不能飘在天上不落地，坚决不允许有只管人、不管事的指挥官。那种接到一个任务就作为二传手传给下级的指挥官，或是出现问题就去责问下级的指挥官，是飘在天上的指挥官，是官僚主义的指挥官，是只管人、不管事的指挥官，是必须被撤职的指挥官。

如果只管人、不管事，就会只看到对自己汇报的这一层，下属的眼睛就会替代自己的眼睛，下属的判断就会替代自己的判断，尸位素餐即是如此。

其二，必须敢于决策。

作为指挥官，做决策是你存在的价值，不能逃避做决策。该决策时不决策会贻误战机，该自己决策时推脱给集体领导，也是非常错误的。

指挥官自己必须系统地思考目标、打法、资源和激励，形成自己的判断和决策。

其三，必须"领"、"导"下属。

领导的战略任务有三个：搭班子、定战略、带队伍。战术任务也有三个：把方向、做备胎、抓协调。这三件事，都是对下属工作的领导。

指挥官是站在山顶的人，必须给下属指明方向。站在山脚找路的难度极高，因为一叶障目、不见泰山，站在半山腰相对容易些，站在山顶，方向、路径一目了然。

指挥官在任何时候，都必须牢牢地把握指挥权，行使指挥权，不能用集体思考代替自己的思考，也不能用多数人的意见代替自己的决策，更不能用授权的理由放弃自己的指挥权。

3. 有素质就是会经营

经营三要素，搭班子、定战略、带队伍。

会经营，就是能够掌握这样的工作方法，带领企业达成长期的经营目标。

经营的核心是搭班子，人对了，事才能对。

为企业制定出正确而高明的战略，是企业经营的核心，也是企业一把手的岗位职责。

一个好的战略，运筹帷幄之中、决胜千里之外。一个差的战略，最好的结果也只是杀敌一千自损八百。

有能力就是有素质，有素质的最高境界是会经营。

会经营企业的人，做任何事情，都是最高的战略和执行水平。

会经营是一种重要的素质，是担当领军人物不可或缺的素质。

我的另外两本书《创业 36 条军规》以及《有效管理的 5 大兵法》对于企业经营和管理有专门论述，大家感兴趣的话可以找来阅读。

最高水平的经营，是长期可持续成长

有人说，一个人做一件好事不难，难的是一辈子做好事。

做企业，我们要追求的不是爆炸性增长而是长期可持续增长。

企业经营，最难的不是某一年业务增长 100%，而是不管国际环境如何变换，不管行业竞争格局如何演变，都能长期做到每一年比前一年增长 30%。

听天由命不是管理。所谓管理，就是不管外界环境、内部环境发生什么变化，都能达成预定目标。

要做到这一点，领军人物必须吃着碗里的、看着锅里的、瞄着地里的，不但要奔着完成今年的 KPI 去，还得时刻琢磨明年的 30% 增长从哪里来，后年的 30% 增长在哪里，并现在就为此展开行动。

而且，必须有每年都增长 60% 甚至更高的实力，才能做到不管任何情况，每年都能增长 30%。

这意味着我们不但要让企业具备超出预期目标一倍的实力，还必须具备极强的预见性，并时刻准备 B 计划、C 计划。

企业分内生式增长和外延式增长两种。内生式增长是现有业务的增长以及企业内部孵化的新业务带来的增长。外延式增长是通过资本并购方式获得的增长。

随着业务规模的扩大，现有业务的可持续成长一定会遇到挑战。内部孵化新业务至关重要，也是挑战非常大的，因为孵化新业务需要企业内部具备能够产生开疆拓土式英雄的土壤，而大企业的规范化管理有消灭这种土壤的倾向，并且任何一个大企业内部，创新业务都是很难与既有主力业务竞争资源的。

并购更是高难度的事情，并购对象的选择，并购所需动用的资金的组织，以及并购之后的整合和管理，都极其考校企业的经营和管理水平。

小企业可以强调冒险，用激进的战略寻求生存和发展空间；大企业必须强调确定性，通过增强确定性的经营战略获得长期可持续增长，这是难度更高的经营能力。

当年世界围棋第一高手李世石，人称石佛，擅长半目胜，意思是他追求的不是杀掉对方一条大龙、不是中盘胜甚至不是轰轰烈烈的大胜，而是只赢半目，用只追求赢半目换来赢棋的确定性和稳定性。

德州扑克中职业牌手与业余牌手的差别，并不在于某一副牌处理技术上有多高明，也不在于掩饰牌力的演技有多高，而在于职业牌手的稳定性更好，他们坚守战术纪律，控制情绪，最大限度减少不确定性，确保长期稳定赢利。

最高水平的企业经营，是长期可持续成长，领军人物必须让企业具备超出增长目标一倍的实力，吃着碗里、看着锅里、盯着地里的，同时永远准备好 B 计划、C 计划，这样才能最大限度地抵消外部、内部环境对企业发展带来的不确定性，确保企业长期可持续增长，这才是高手。

后 记

    本书的核心内容源于 2015 年以来我在自己的微信公众号上发表的有关创业、企业经营管理、人生感悟的文章，以及我在公司内部的一些讲话，参加社会活动时的一些演讲。

    因为所有内容都是我讲的或者写的，其底层基础毫无疑问是我的三观以及我对万事万物的认知，所以，这些内容虽然是四年多时间里陆陆续续写的，用途也不一样，但是背后的核心理念是高度统一的。

    前一段时间，中信出版社再次向我约稿，他们对我之前的一本书《创业 36 条军规》出版后的读者反响很满意，认为是同类书籍之中畅销、长销以及读者好评率高的三好图书，所以想看看我有没有新的内容提供。

    《创业 36 条军规》是写给创始人的，《有效管理的 5 大兵法》是写给管理者看的，我说那就给职场员工写一本吧。

    于是就有了这一本《精进有道》。

本书可以说是在飞机和游轮上写成的，很早我就预订了2019 年 11 月的南极游轮之旅，虽然北极点和南极点我都已经去过，但是还没有到过南极半岛，一些朋友设计了一个不错的旅程，我就一起报名了。

从中国飞南美基本上是世界上最长程的飞行之一，飞机上的时间就要 30 多个小时，加上中转等待，单程的飞行耗时 40 个小时，南极游轮要穿越世界上风浪最大的德雷克海峡，往返耗时 8 天，这段时间对我而言是天然的写作时间。

虽然基础内容是现成的，但我希望能够更加系统化、体系化以及简单易懂，所以还是给出了一个认知体系：最精彩的人生是活成自己想要的样子，像赢家一样思考和行动，你也可以成为赢家，人生赢家需要具备三大能力，认知能力、决策能力和执行能力的修行方法。

过去几年我陆陆续续写的文章，正好从各个角度阐述和论证了这个认知体系。

同样，我不敢说这套体系是唯一正确的体系，但它是可以自圆其说的，并且根据我本人的人生实践，确实行之有效。

如此，才敢写出来，供诸君阅读和参考。感谢道田子生兄为本书题字。道田子生兄生性豪爽，自幼习字，后经营企业，六年前我与兄因字结缘，他写的每一幅字我都喜欢，飘逸洒脱，收放自如。

人生，至少要追求一下我命由我不由天，如果只是饿了吃，困了睡，或者只是随波逐流，有什么意思？

人生，至少要读万卷书、行万里路，如果来到这个世界一次，足迹从未出过本村、本市、本省，阅读从未超过小学、中学、大学的课本，有什么意思？

如果诸君读罢此书，有所思考，足矣。

2019 年 11 月 23 日

第一次完稿于布宜诺斯艾利斯飞往迪拜的飞机上

2020 年 2 月 17 日

最终完稿于钏路飞往札幌的飞机上